CalcuDoku

PUZZLE BOOK

500

Easy To Hard (5x5, 6x6)

MATHDOKU PUZZLES

Vol. 2

This Book Belongs To

_____

_____

_____

CONTENTS

- **HOW TO PLAY ?** 05
- **Easy (5X5)** 06
- **Medium (5X5)** 26
- **Hard (6X6)** 62
- **SOLUTIONS** 90

CalcuDoku

HOW TO PLAY ?

Each puzzle consists of a grid containing blocks surrounded by bold lines.

The object is to fill all empty squares so that the numbers 1 to N (where N is the number of rows or columns in the grid) appear exactly once in each row and column and the numbers in each block produce the result shown in the top-left corner of the block according to the math operation appearing on the top of the grid.

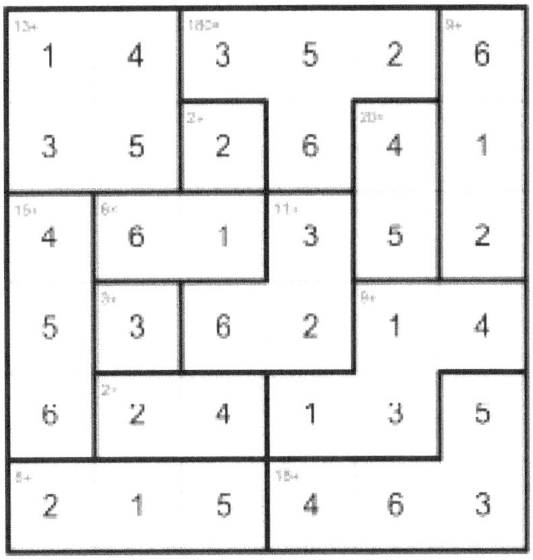

In CalcuDoku a number may be used more than once in the same block.

Single, double or multi-operator can be used.
In multi-operator option, all operators could not be

EASY - 1

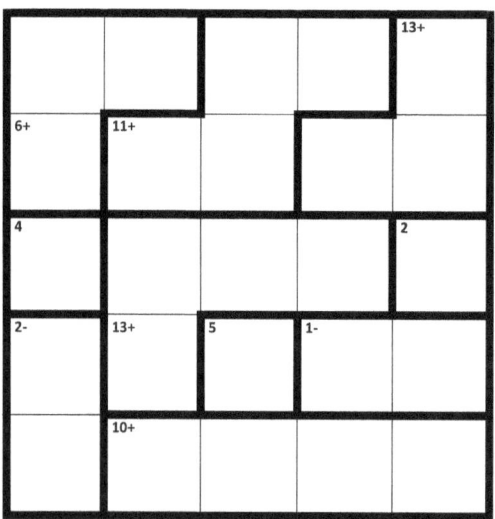

EASY - 2

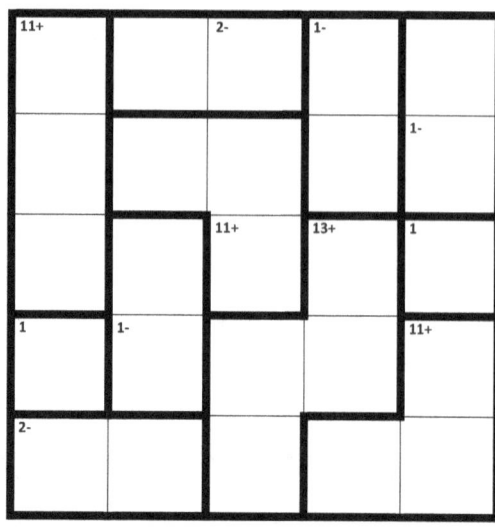

EASY - 3

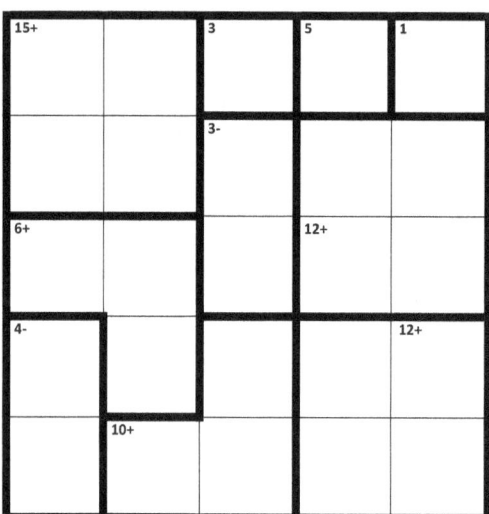

EASY - 4

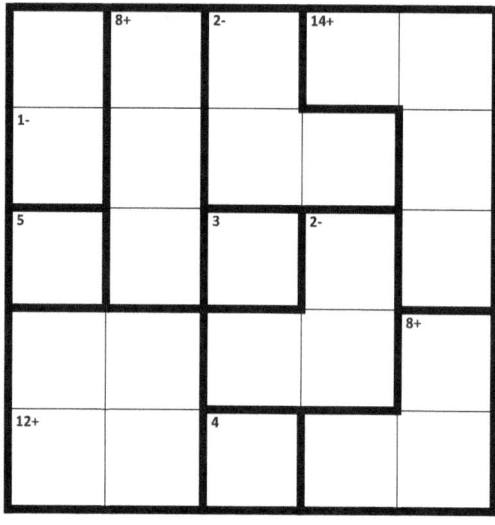

EASY - 5

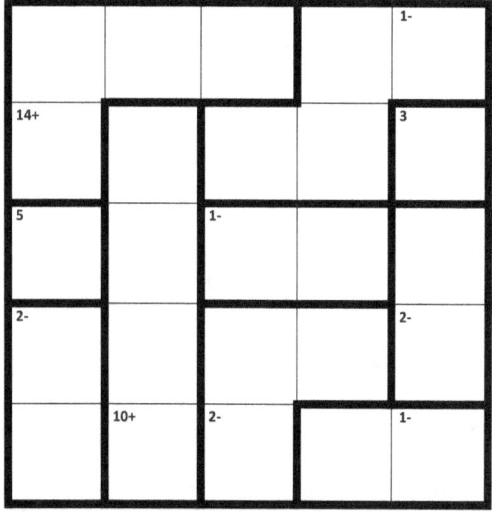

EASY - 6

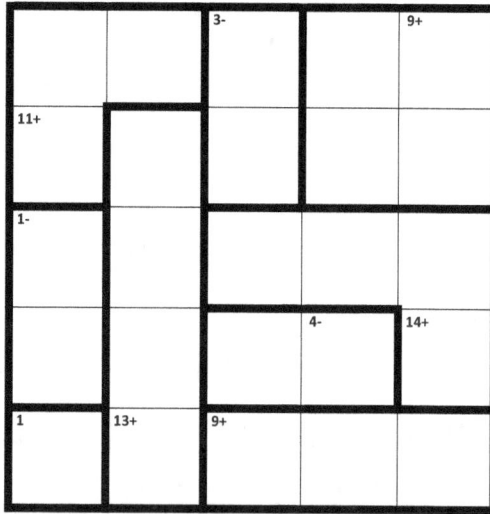

EASY - 7

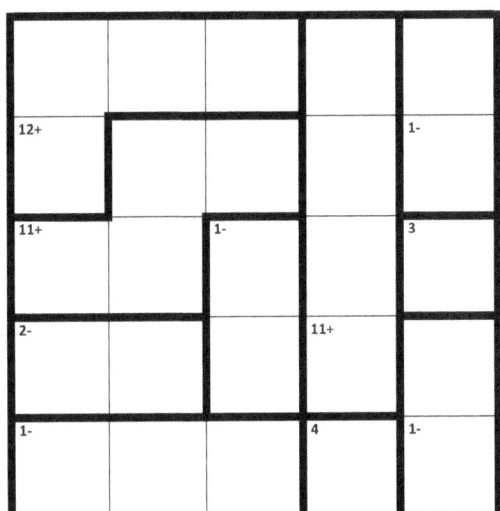

EASY - 8

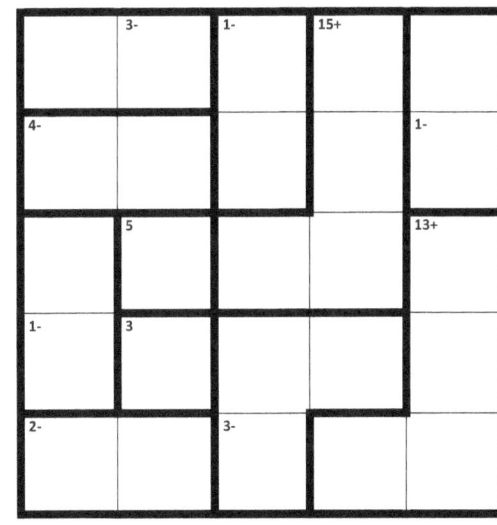

EASY - 9

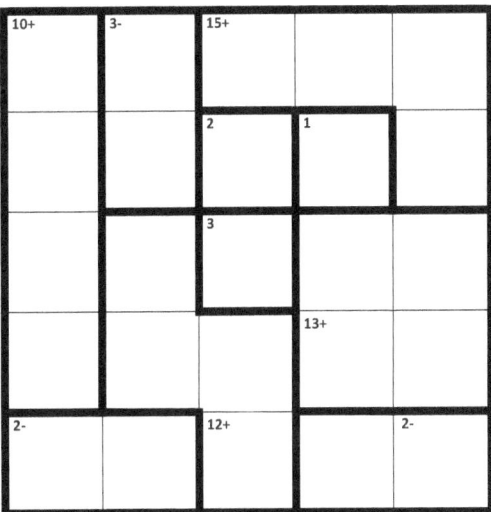

EASY - 10

EASY - 11

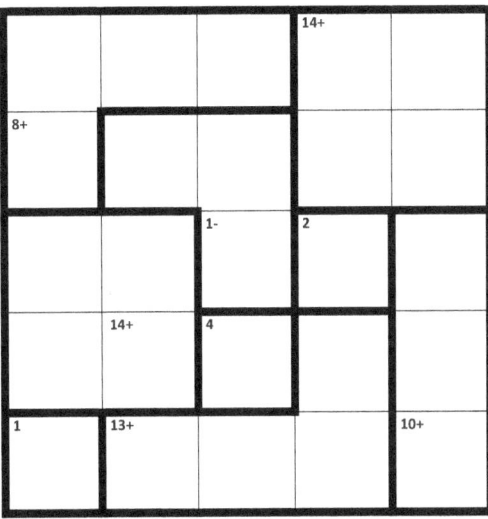

EASY - 12

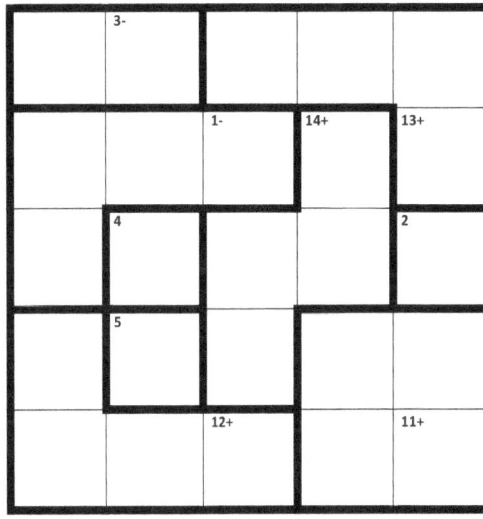

EASY - 13

EASY - 14

EASY - 15

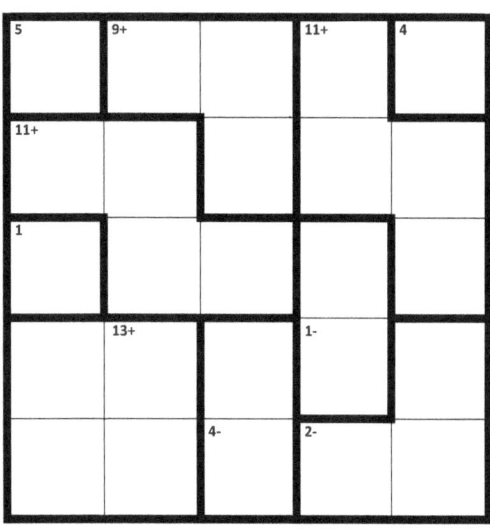

EASY - 16

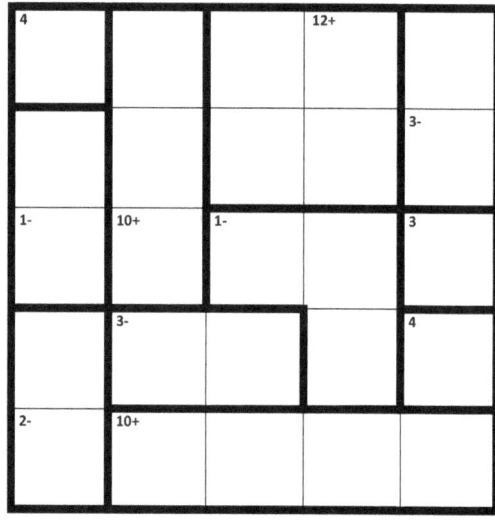

EASY - 17

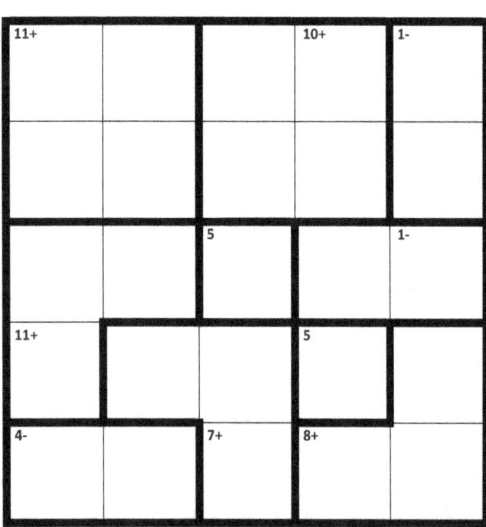

EASY - 18

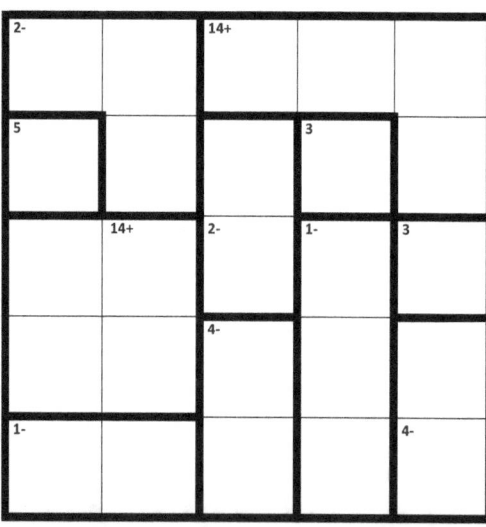

EASY - 19

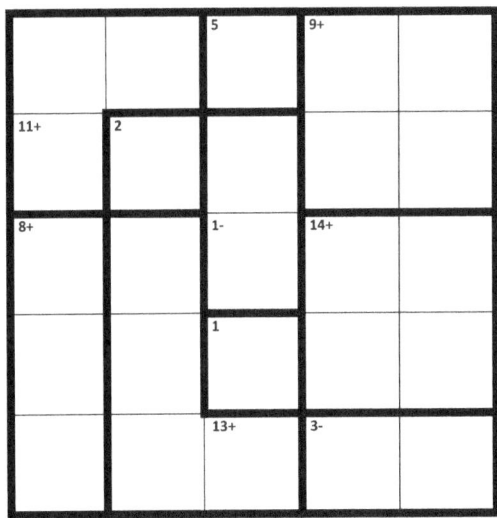

EASY - 20

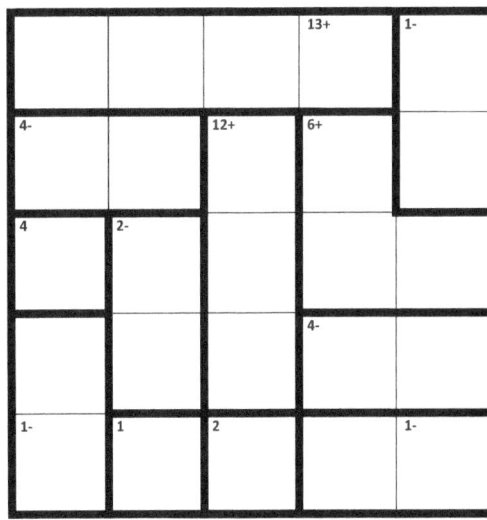

EASY - 21

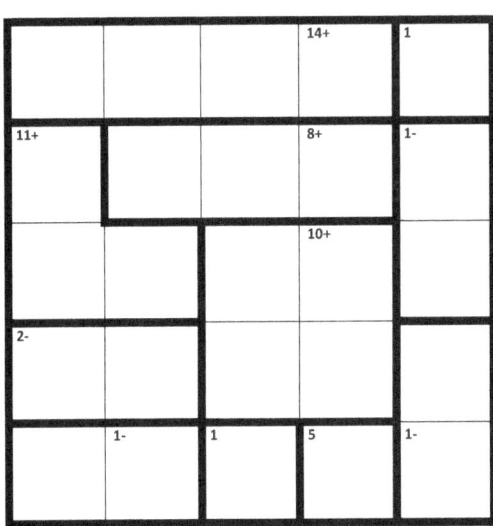

EASY - 22

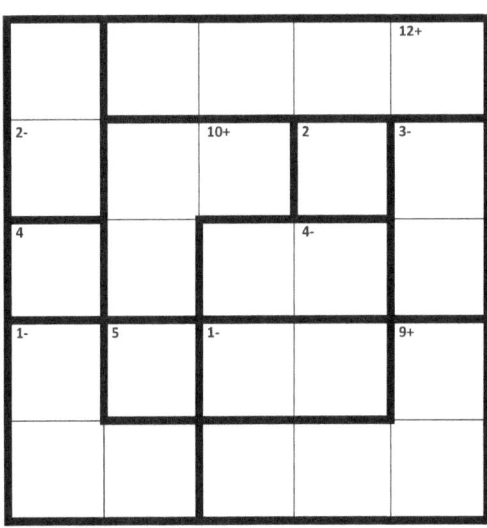

EASY - 23

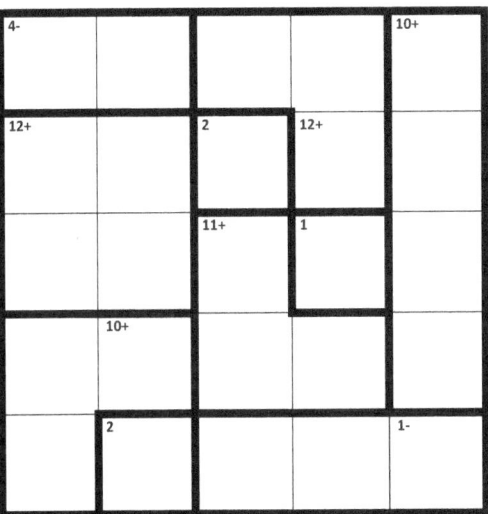

EASY - 24

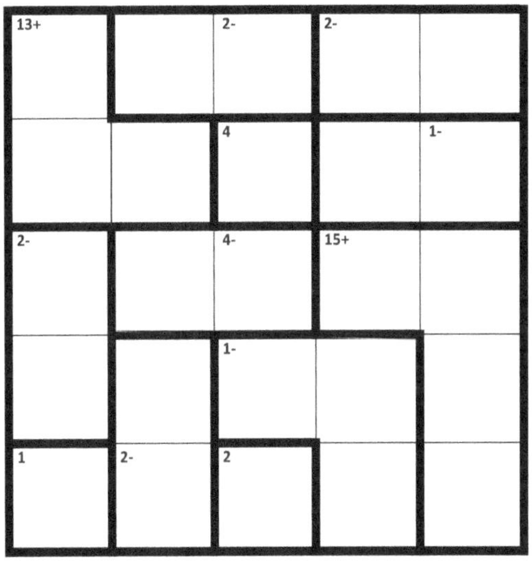

EASY - 25

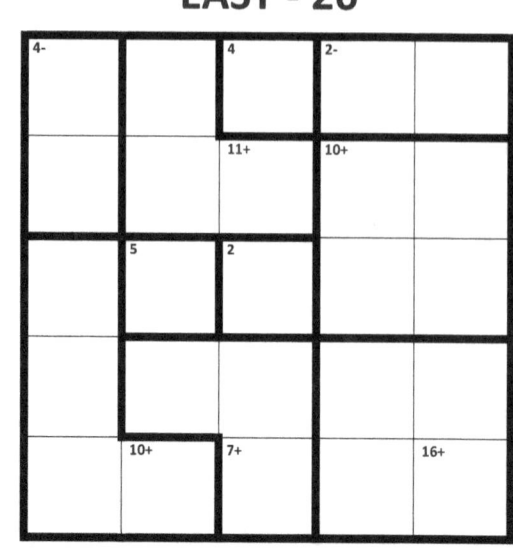

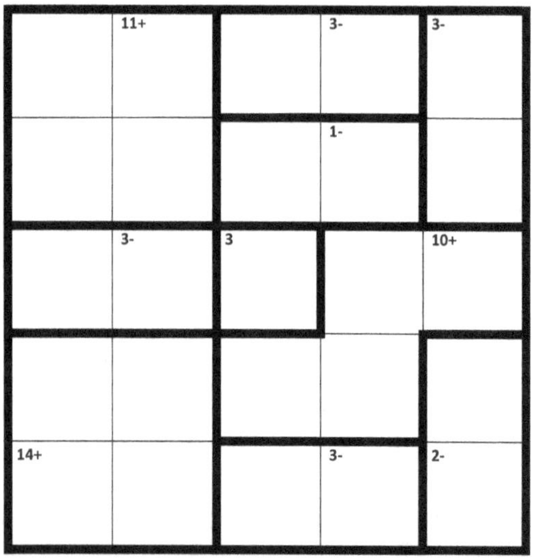

EASY - 26

EASY - 27

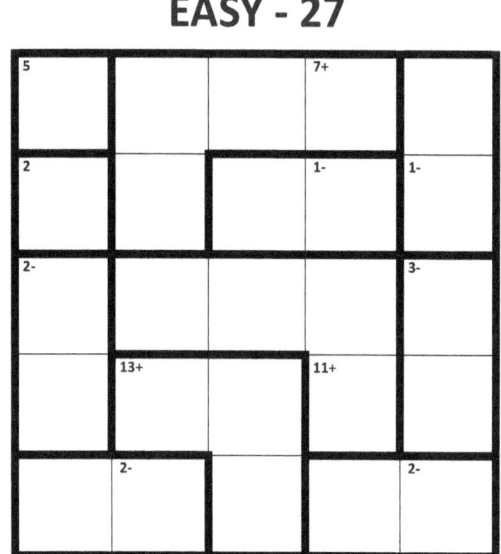

EASY - 28

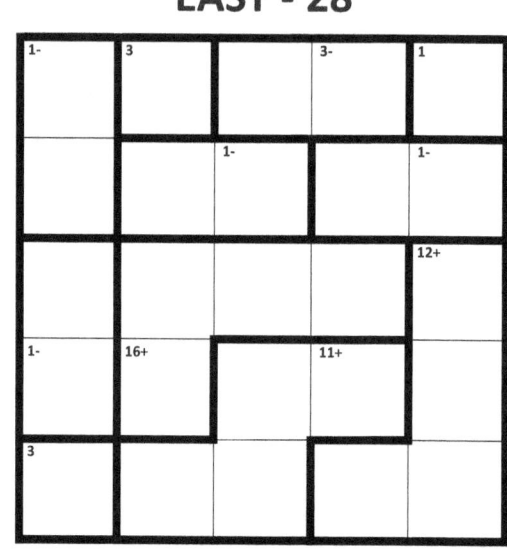

EASY - 29

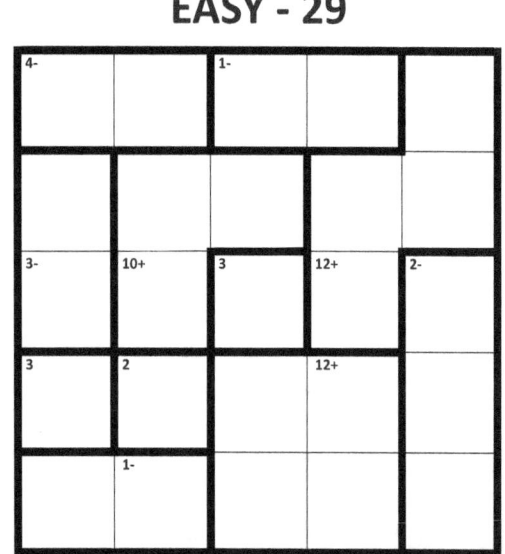

EASY - 30

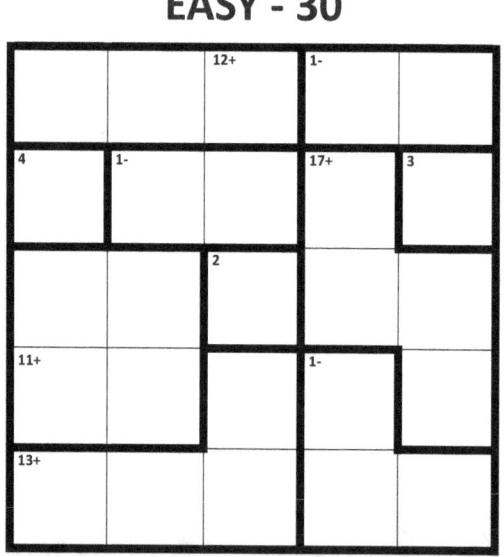

EASY - 31

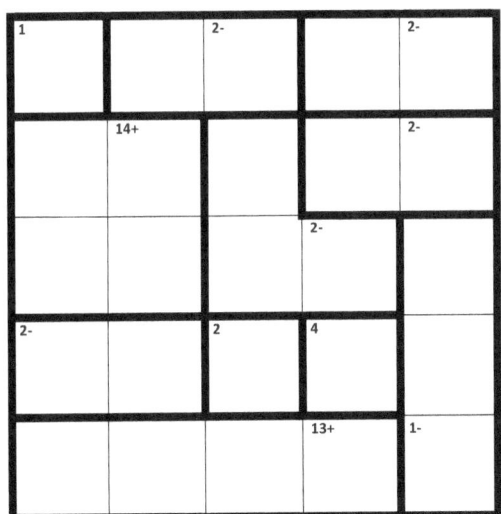

EASY - 32

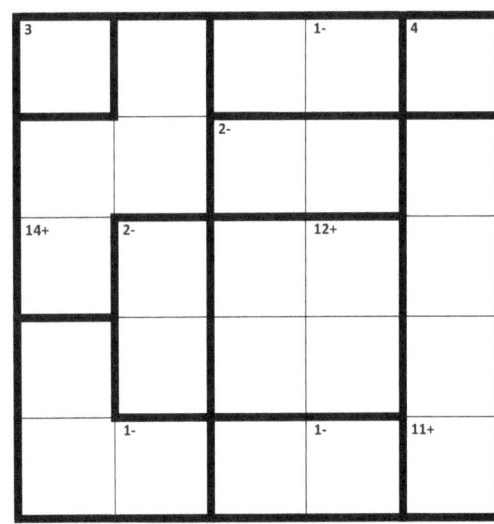

EASY - 33

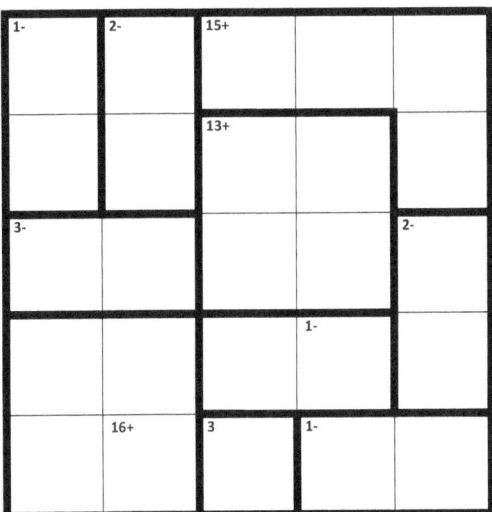

EASY - 34

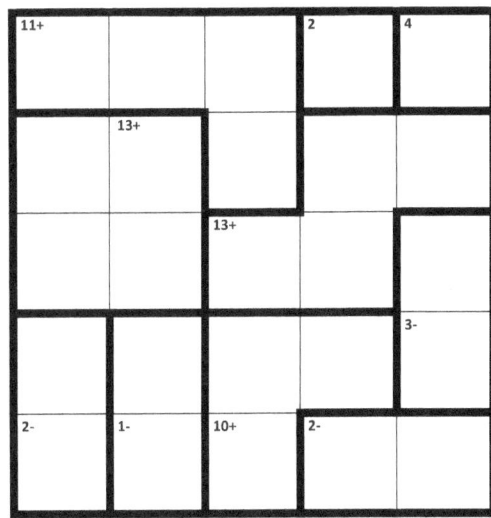

EASY - 35

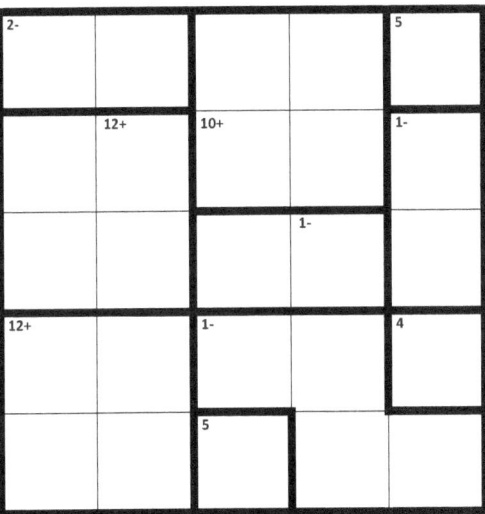

EASY - 36

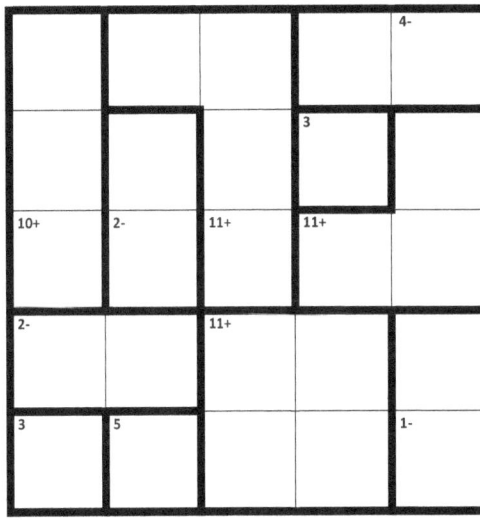

EASY - 37
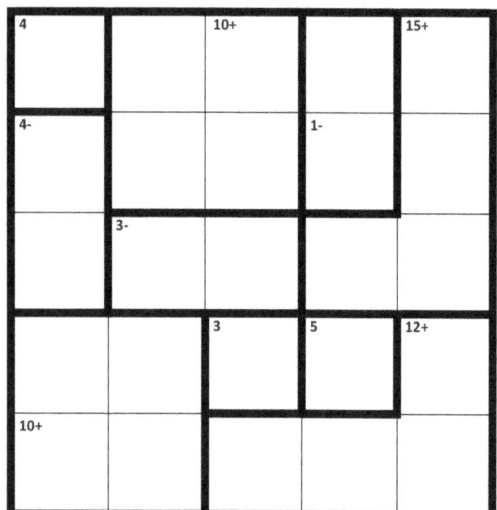

EASY - 38
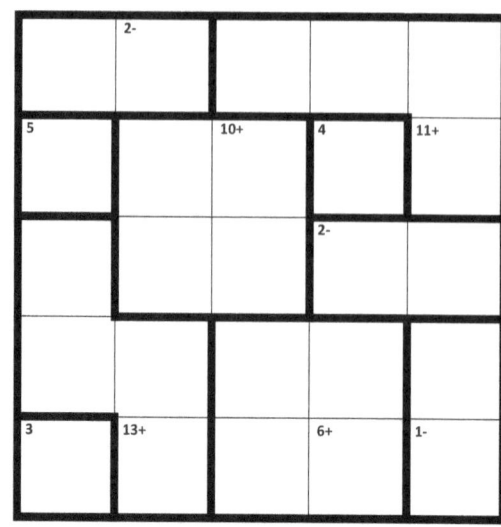

EASY - 39
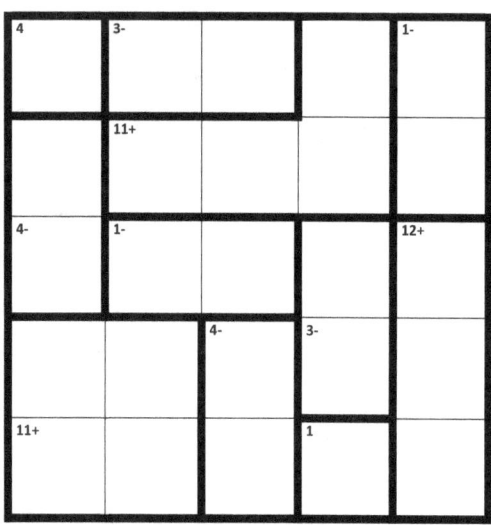

EASY - 40
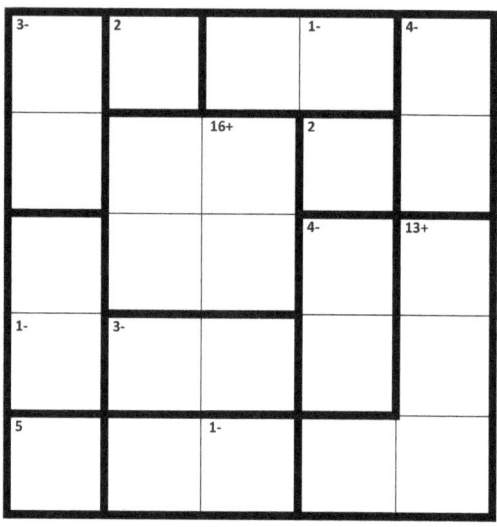

EASY - 41
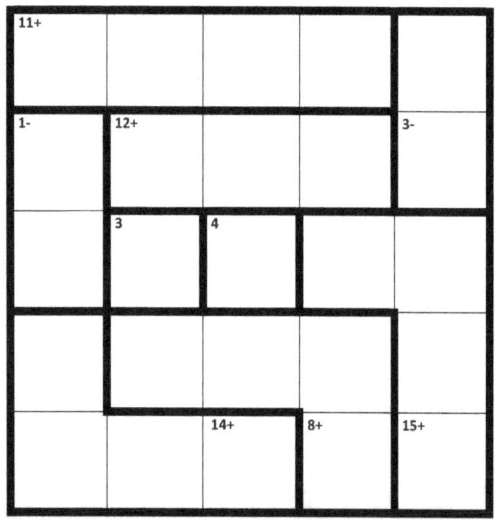

EASY - 42
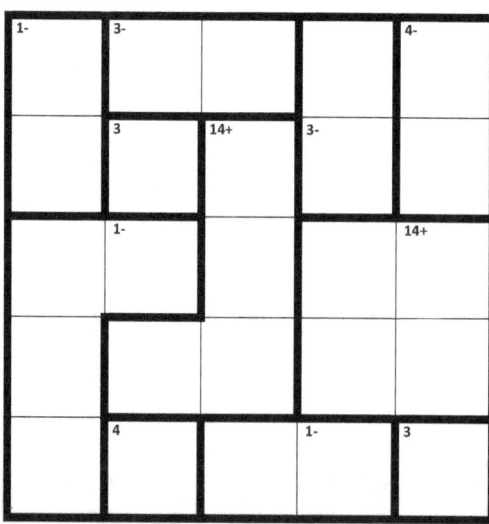

EASY - 43

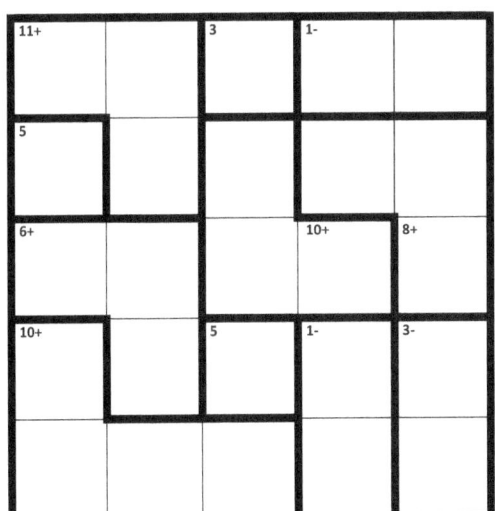

EASY - 44

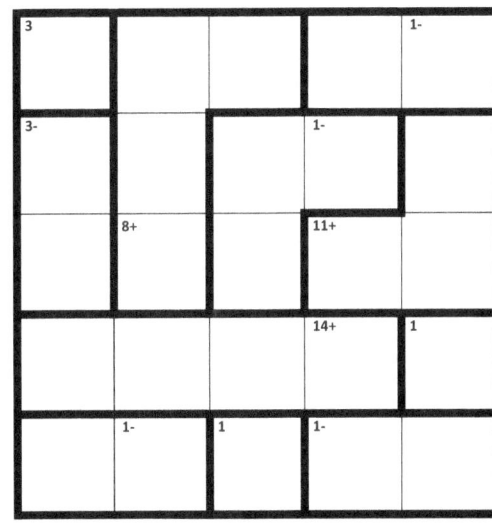

EASY - 45

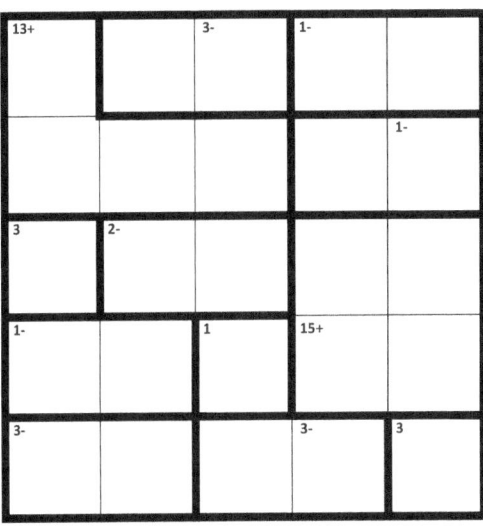

EASY - 46

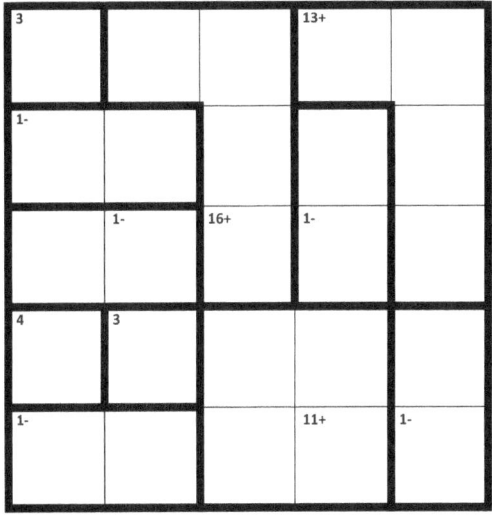

EASY - 47

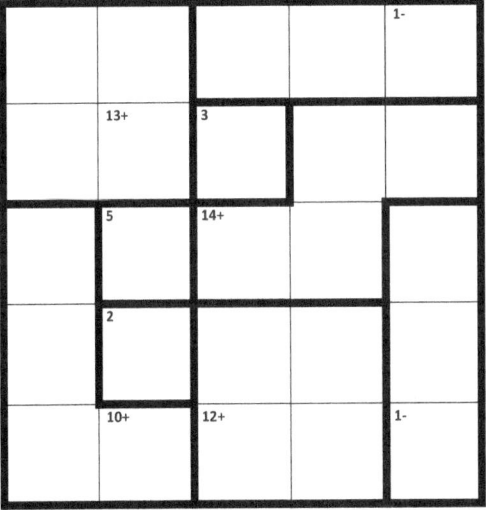

EASY - 48

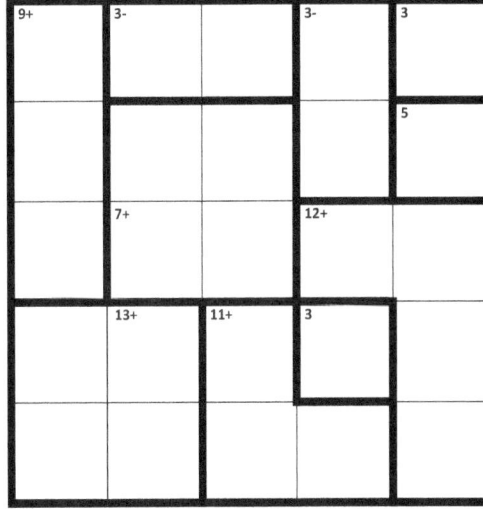

EASY - 49

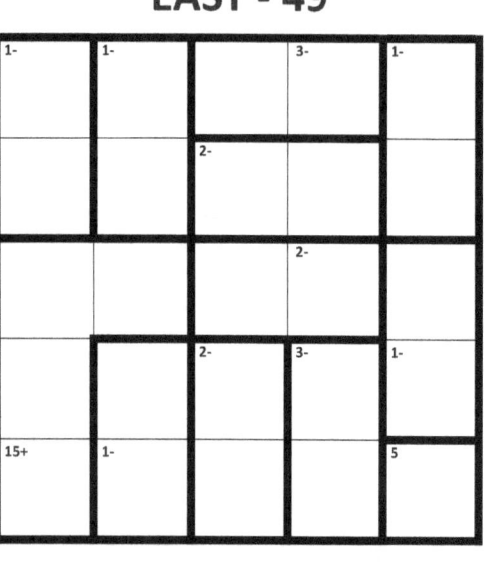

EASY - 50

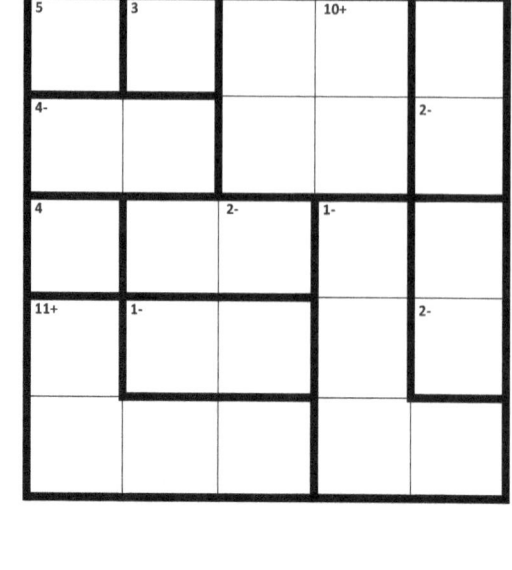

EASY - 51

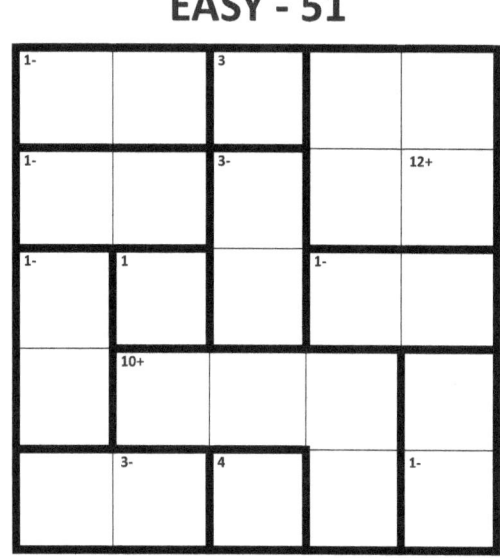

EASY - 52

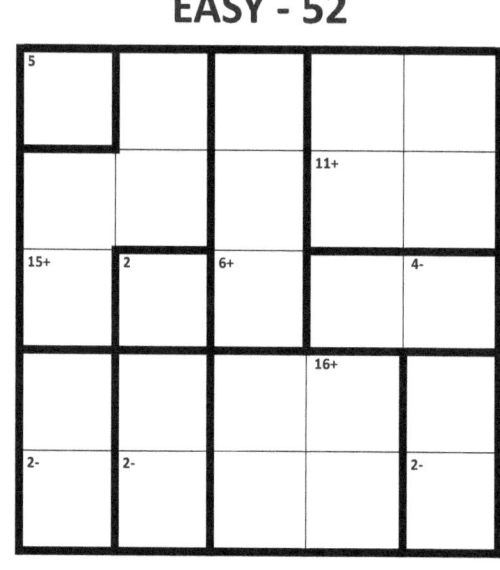

EASY - 53

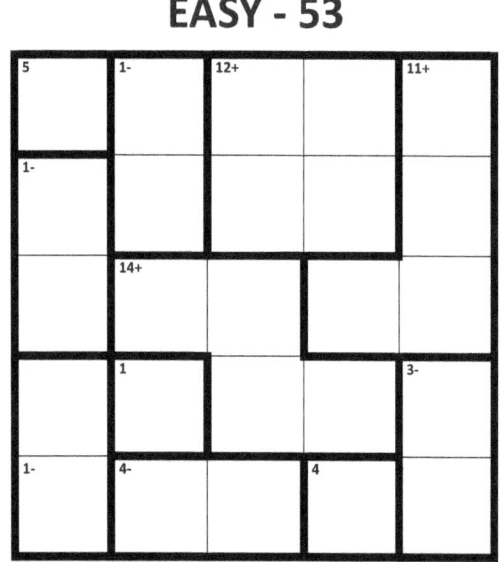

EASY - 54

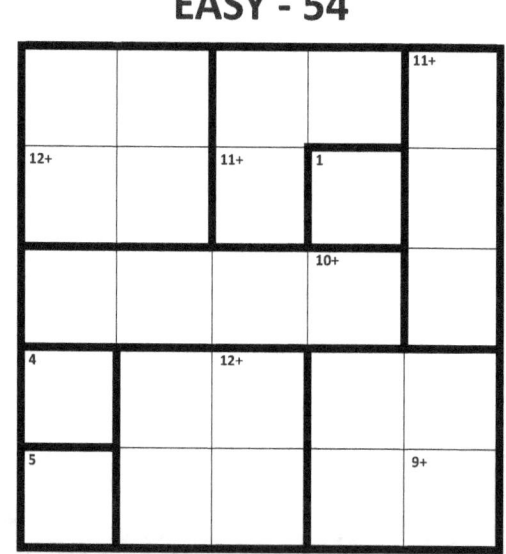

EASY - 55
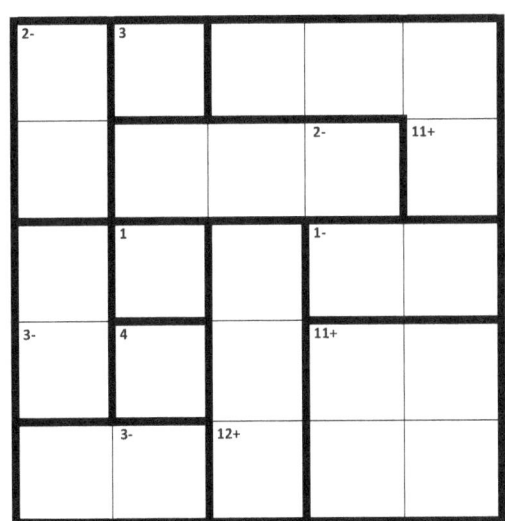

EASY - 56
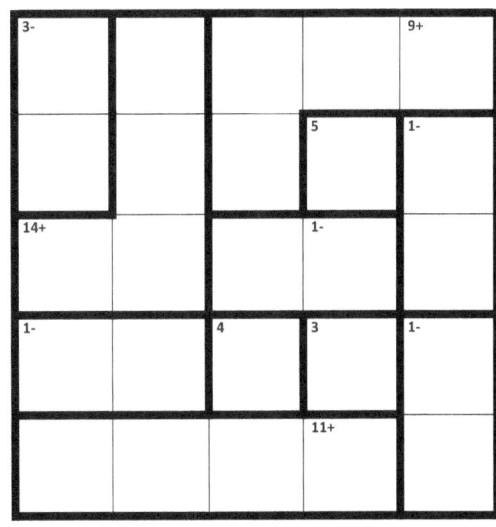

EASY - 57

EASY - 58
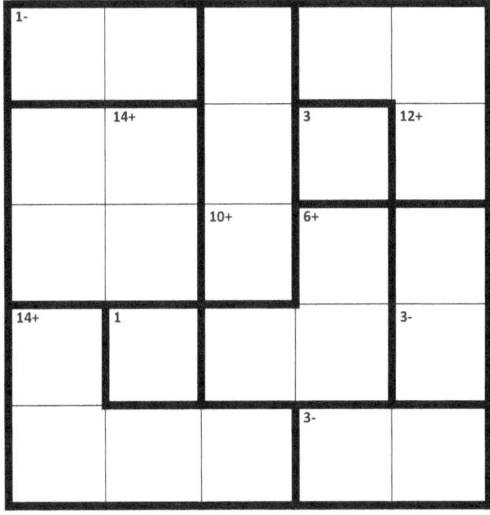

EASY - 59
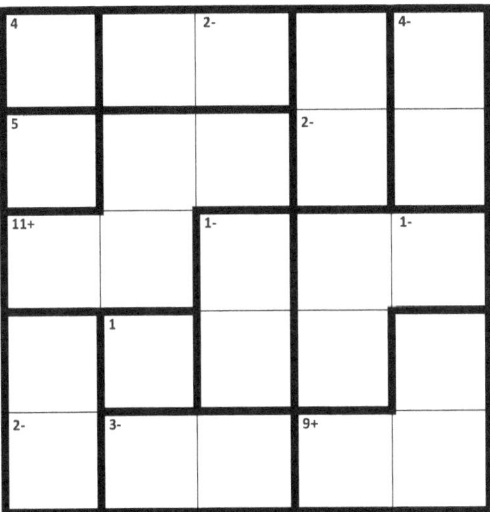

EASY - 60
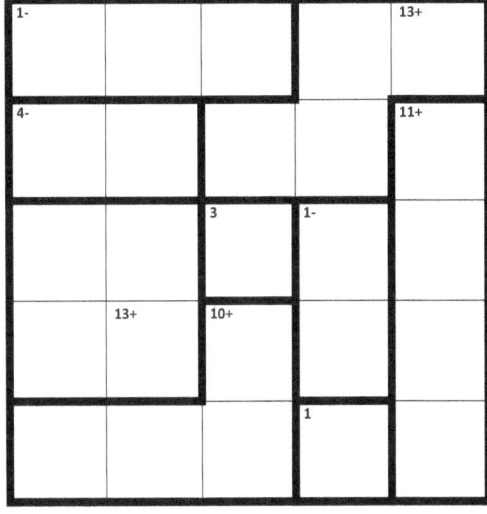

EASY - 61
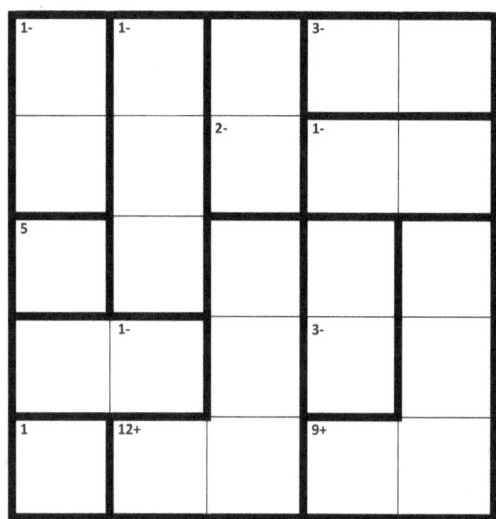

EASY - 62
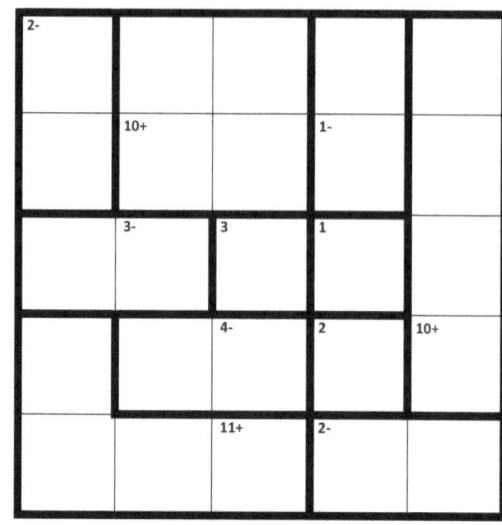

EASY - 63
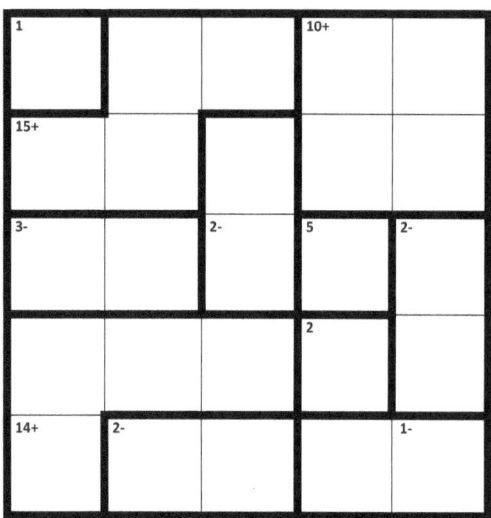

EASY - 64
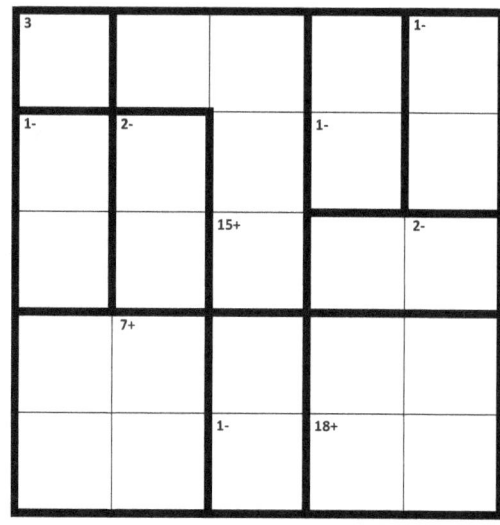

EASY - 65
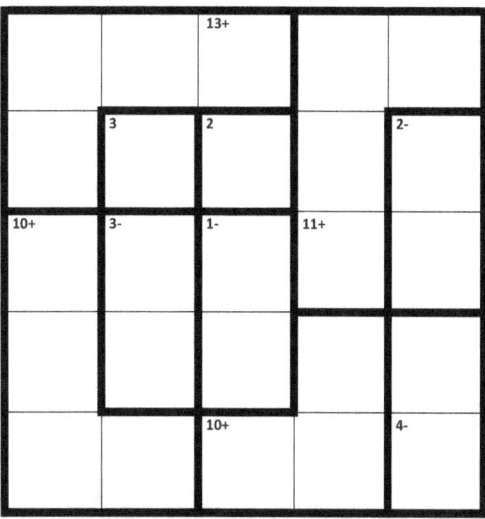

EASY - 66

EASY - 67

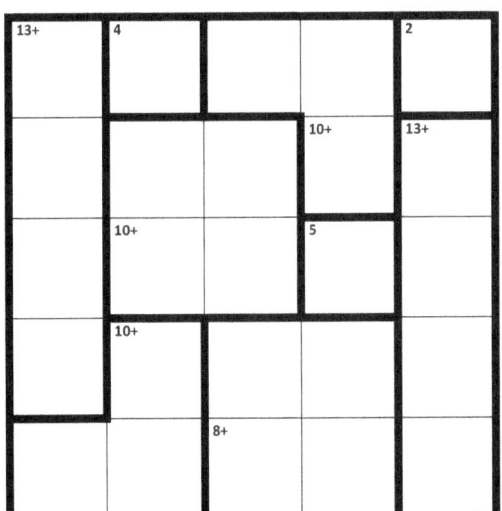

EASY - 68

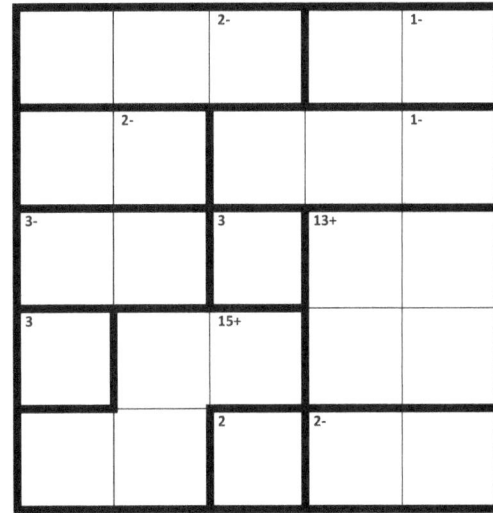

EASY - 69

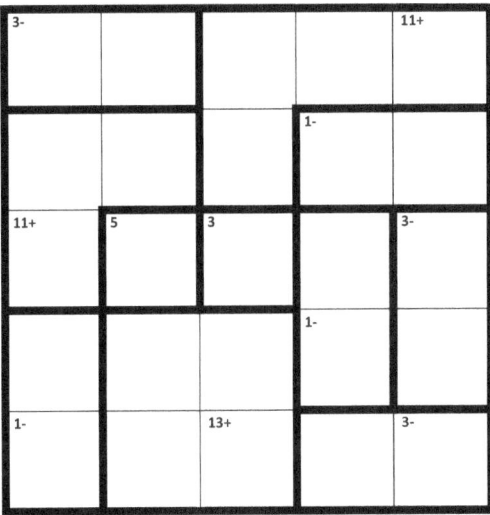

EASY - 70

EASY - 71

EASY - 72

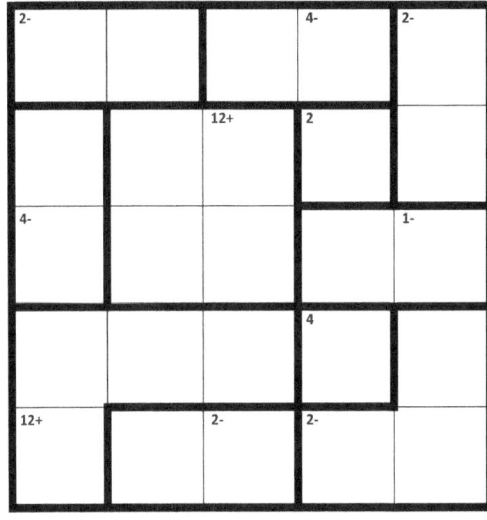

EASY - 73

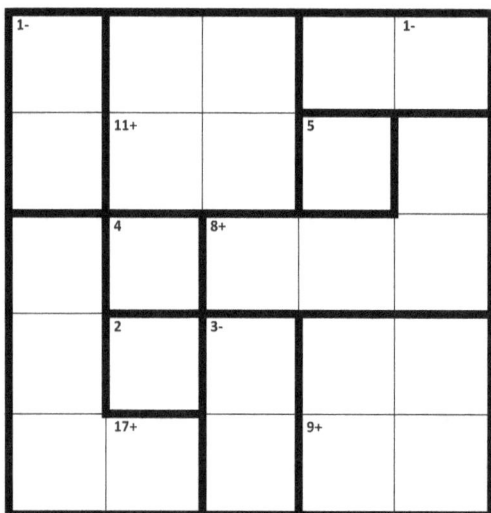

EASY - 74

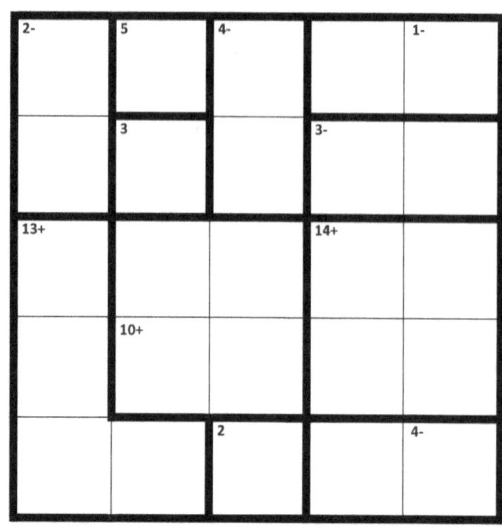

EASY - 75

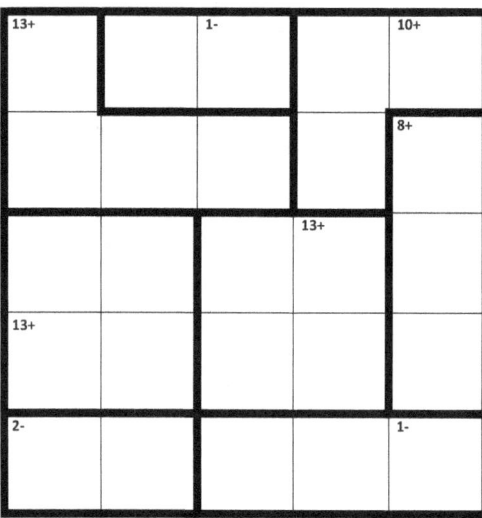

EASY - 76

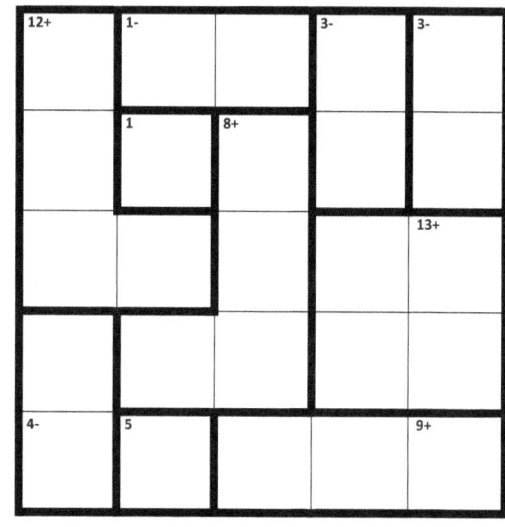

EASY - 77

EASY - 78

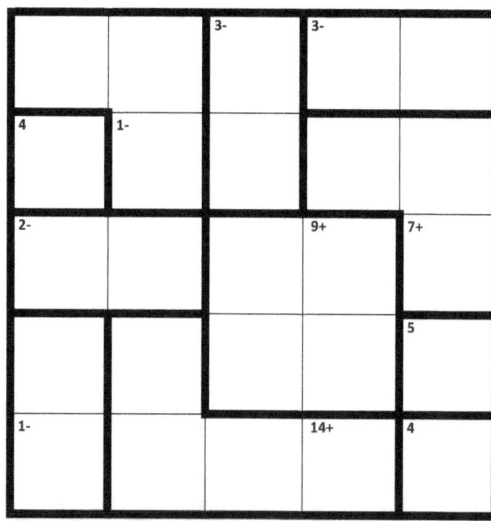

EASY - 79

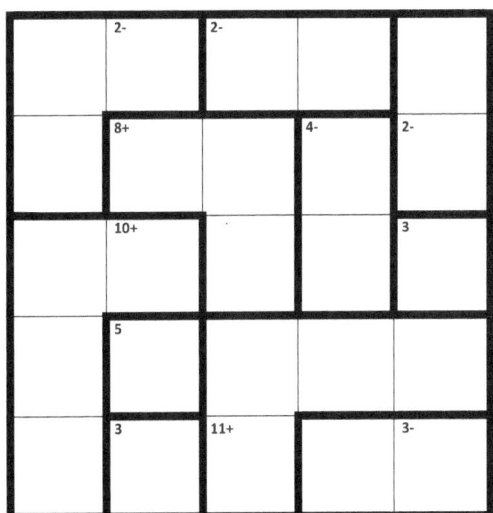

EASY - 80

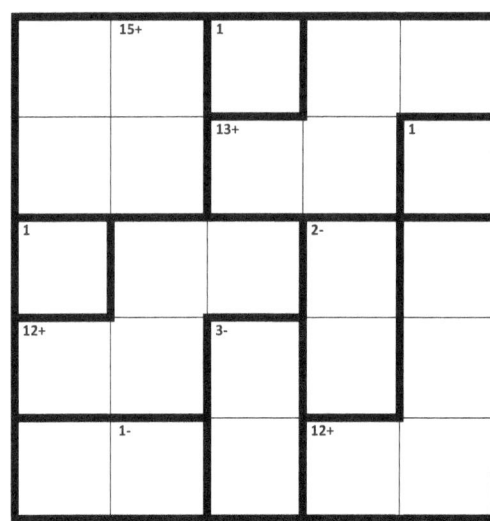

EASY - 81

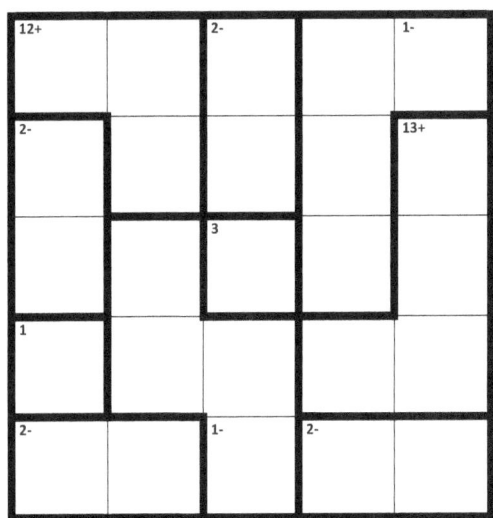

EASY - 82

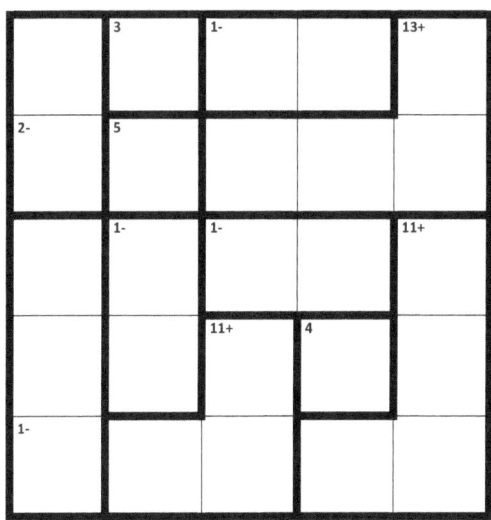

EASY - 83

EASY - 84

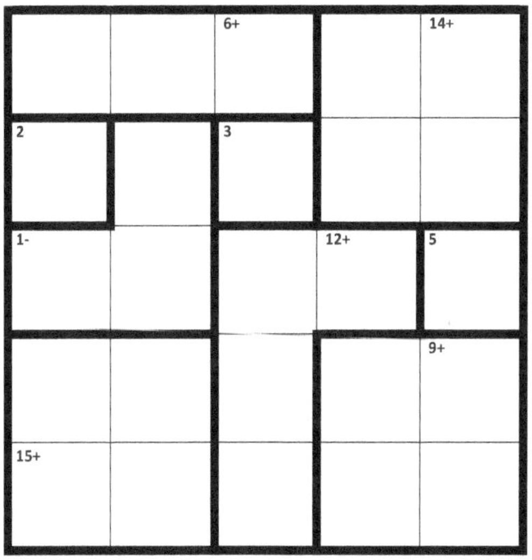

EASY - 85

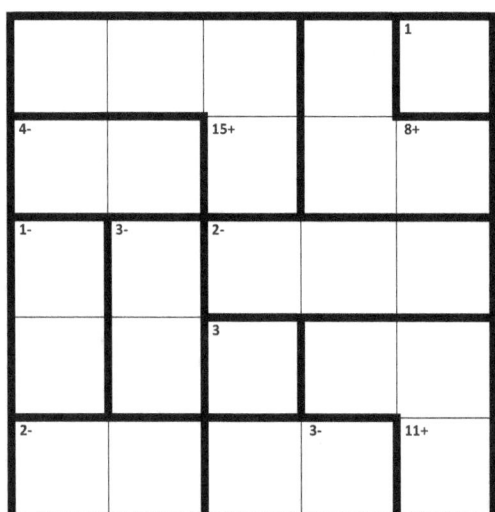

EASY - 86

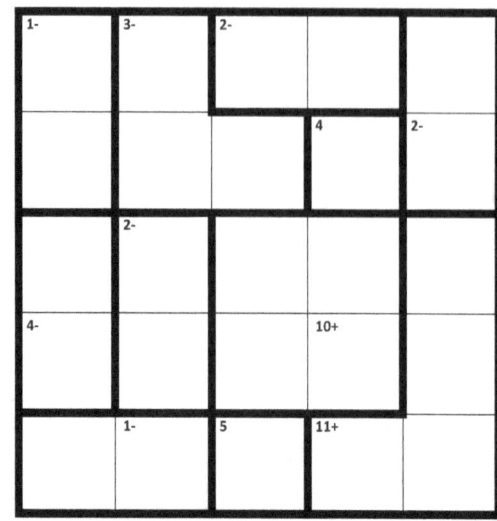

EASY - 87

EASY - 88

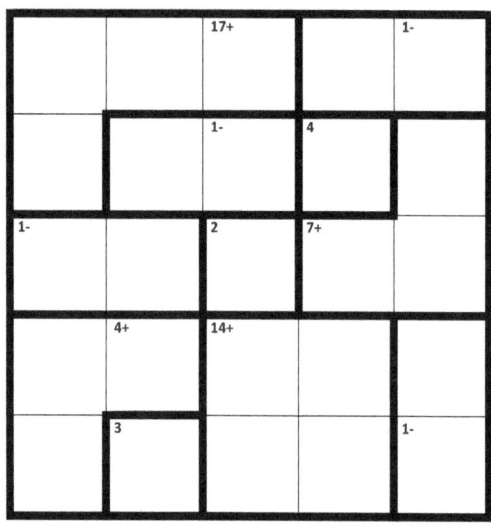

EASY - 89

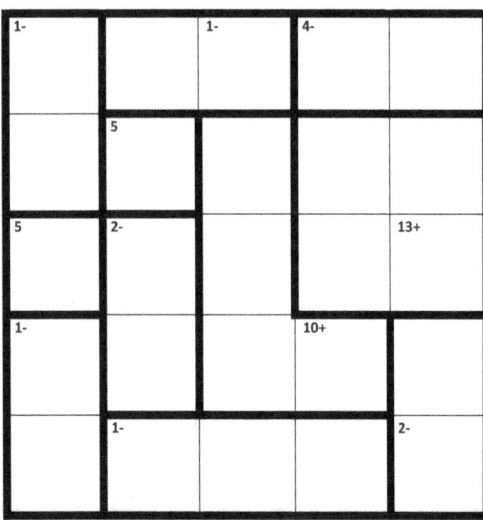

EASY - 90

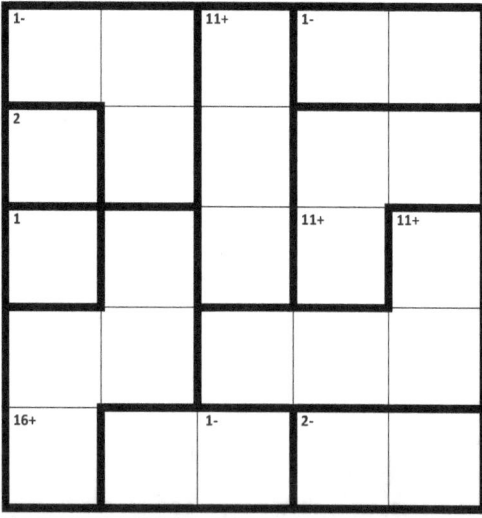

EASY - 91
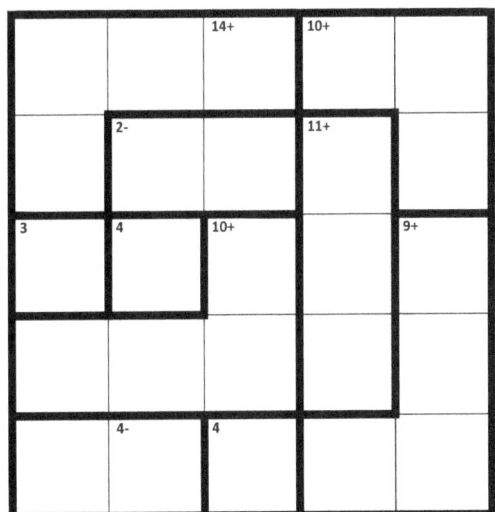

EASY - 92
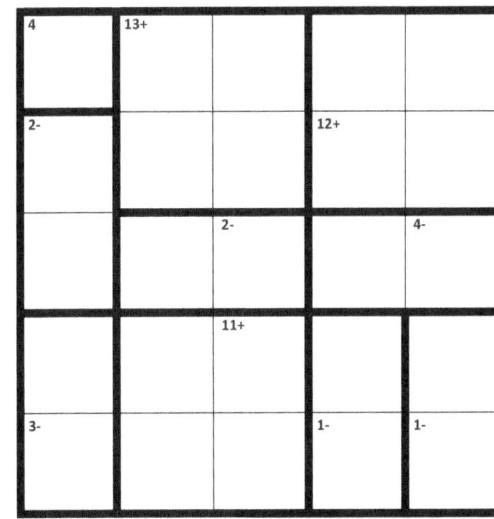

EASY - 93
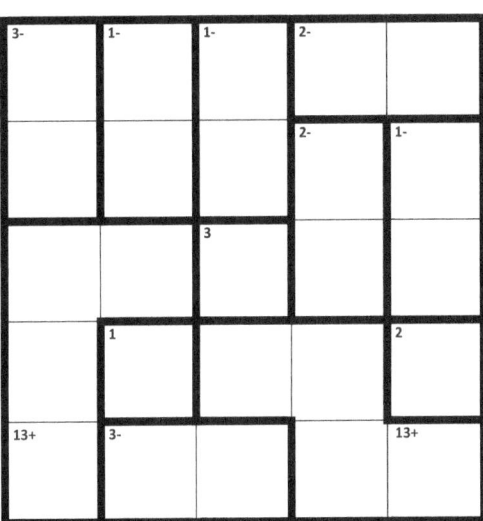

EASY - 94
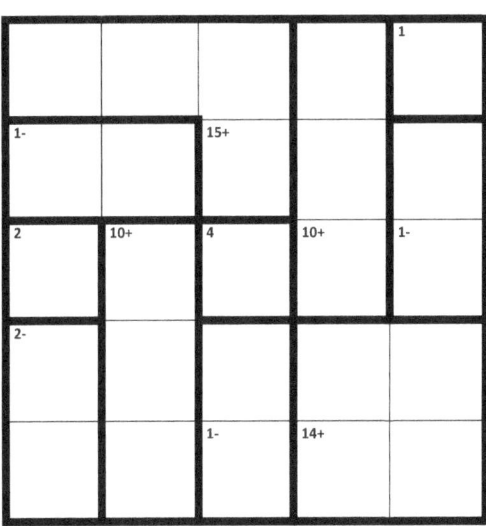

EASY - 95
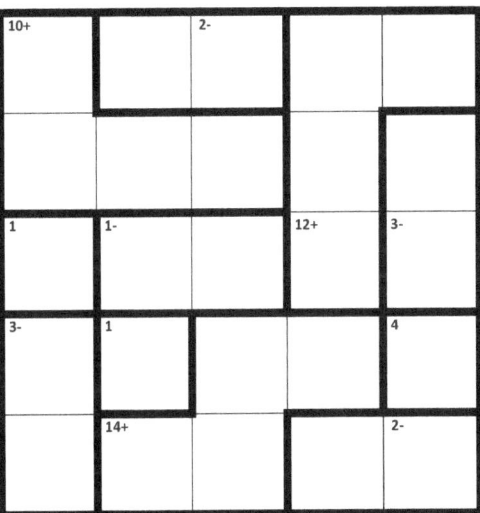

EASY - 96
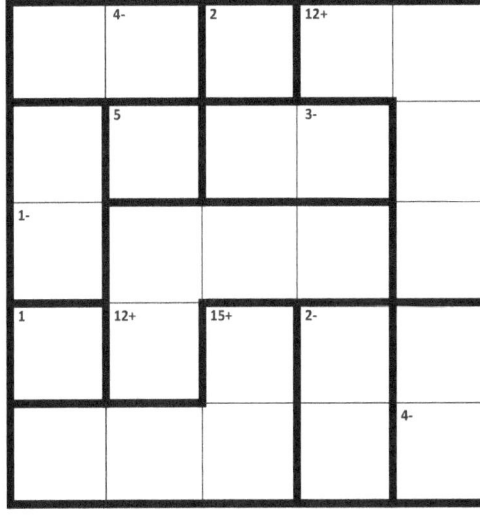

EASY - 97
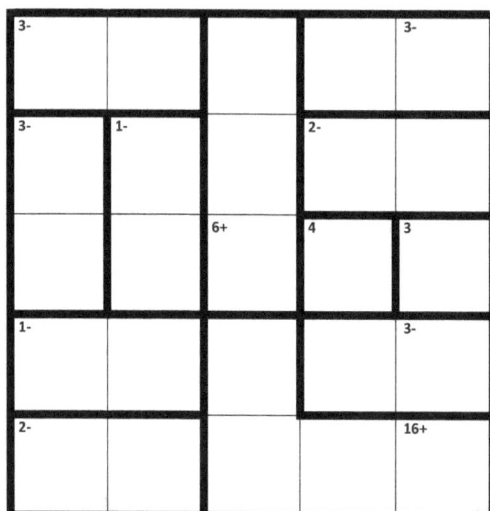

EASY - 98
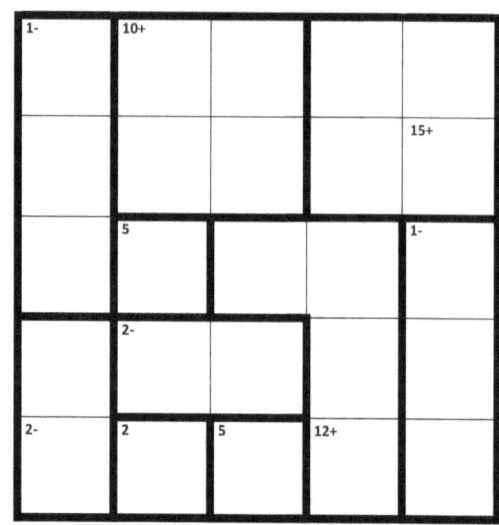

EASY - 99
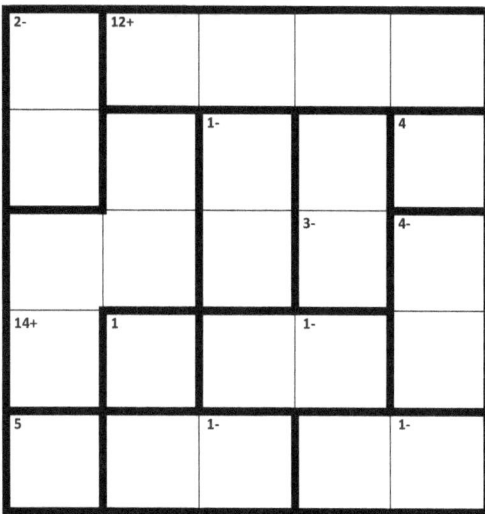

EASY - 100
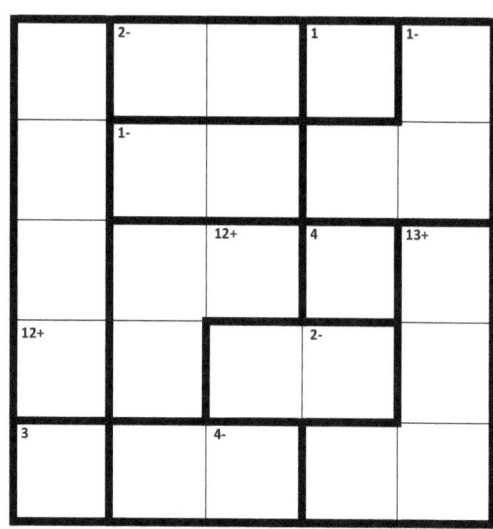

EASY - 101

EASY - 102
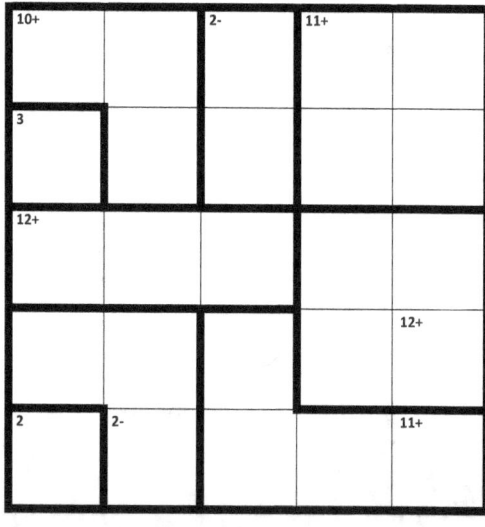

EASY - 103

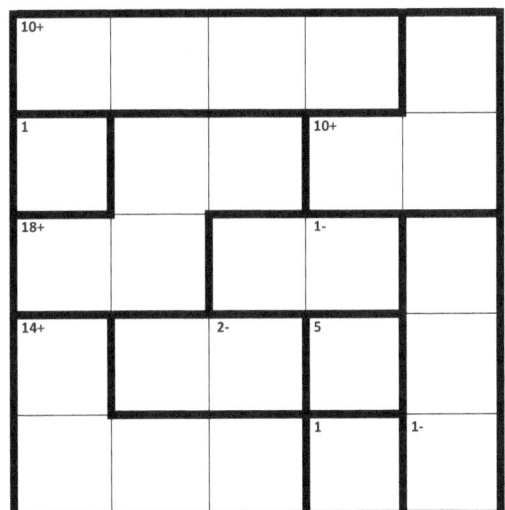

EASY - 104

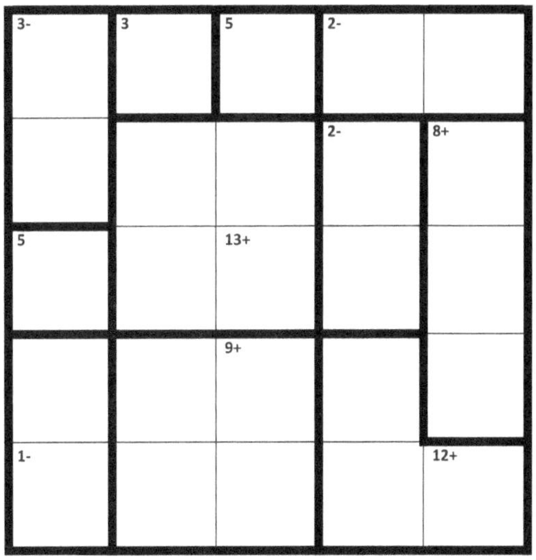

3-	3	5	2-	
			2-	8+
5		13+		
		9+		
1-				12+

EASY - 105

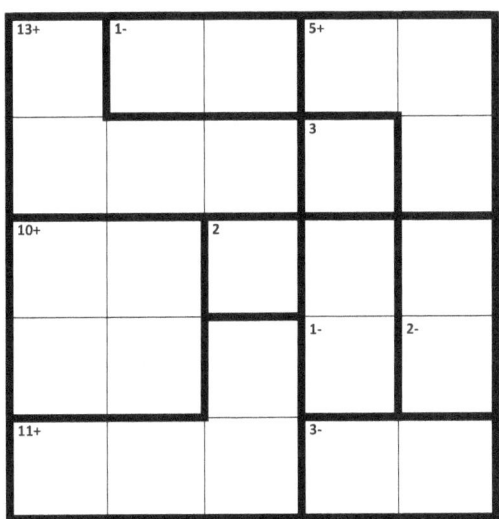

EASY - 106

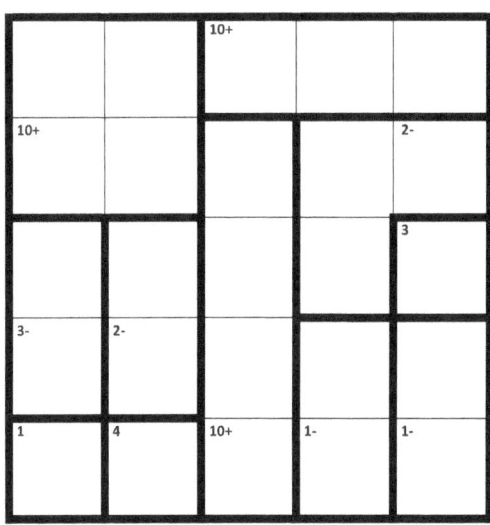

EASY - 107

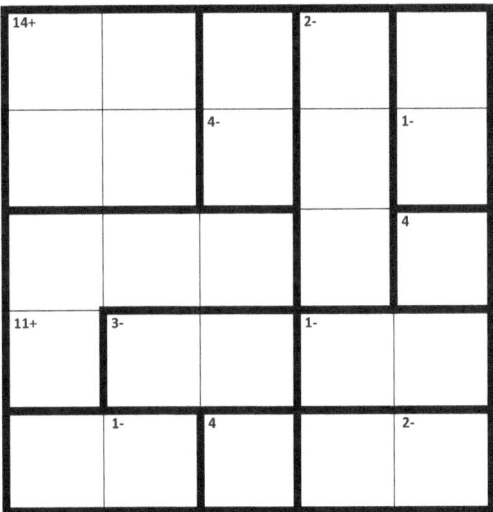

EASY - 108

2			12+	2-
	1-	1-		
4	1-		7+	3-
	16+			4

EASY - 109

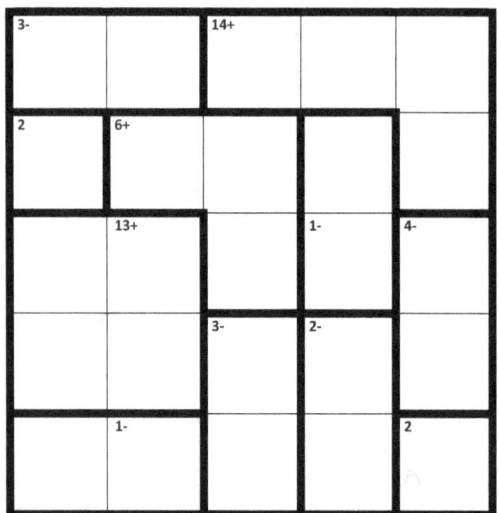

EASY - 110

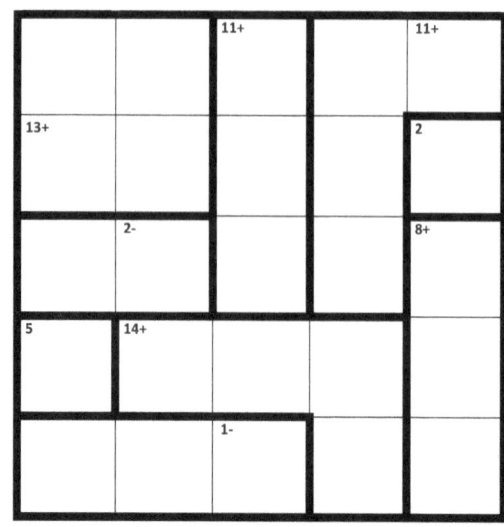

EASY - 111

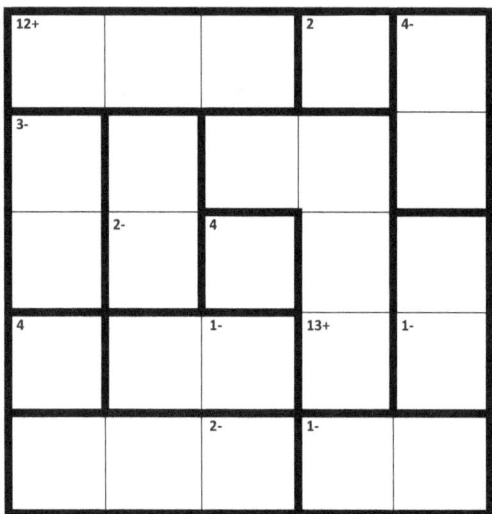

EASY - 112

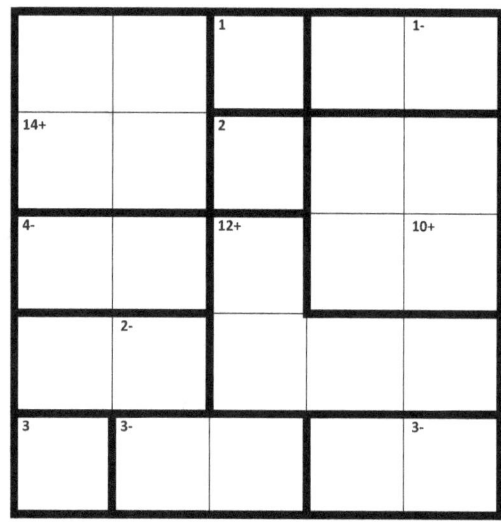

EASY - 113

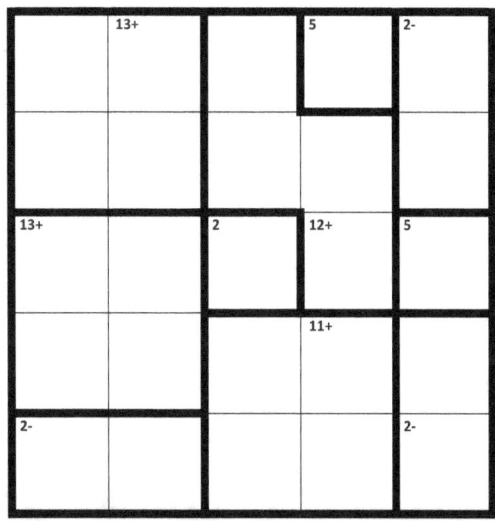

EASY - 114

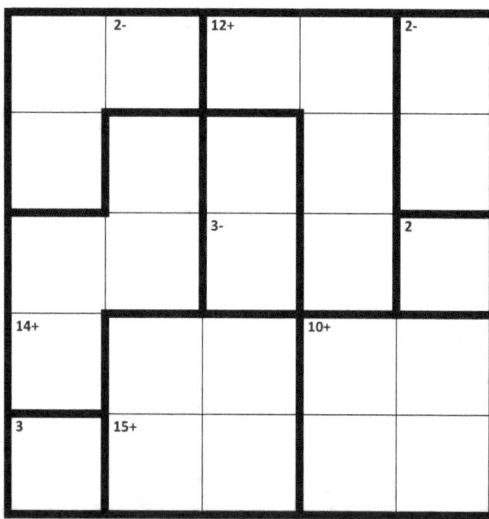

EASY - 115

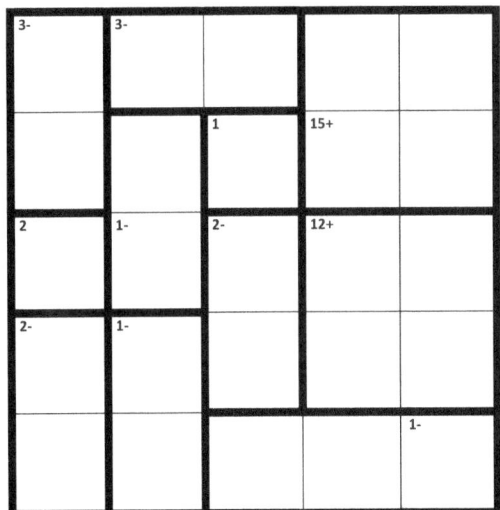

EASY - 116

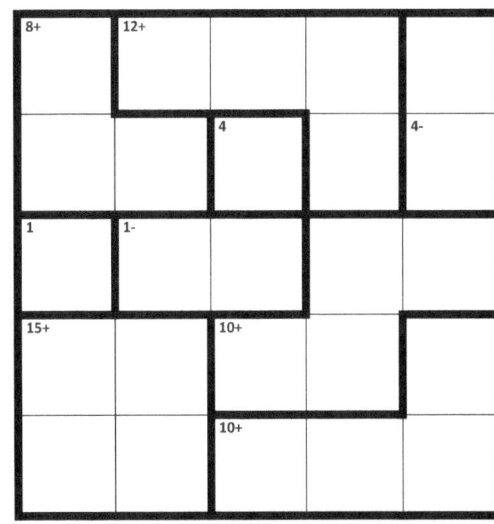

EASY - 117

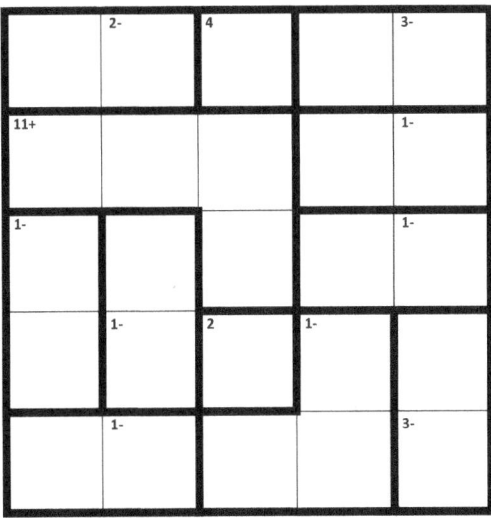

EASY - 118

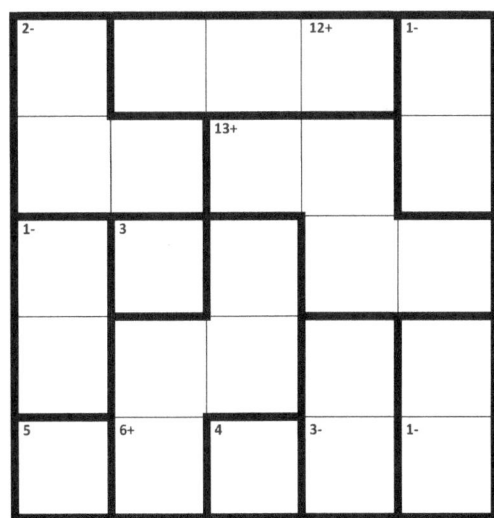

EASY - 119

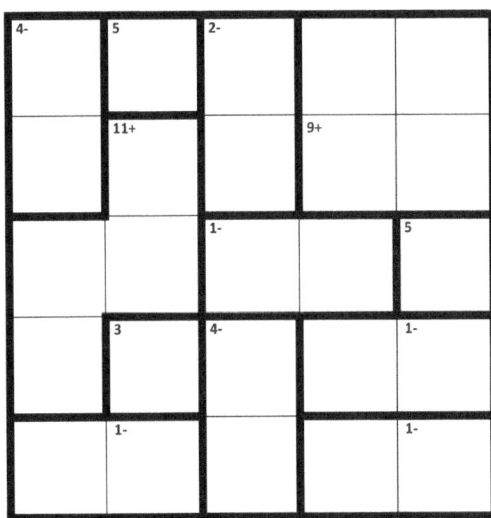

EASY - 120

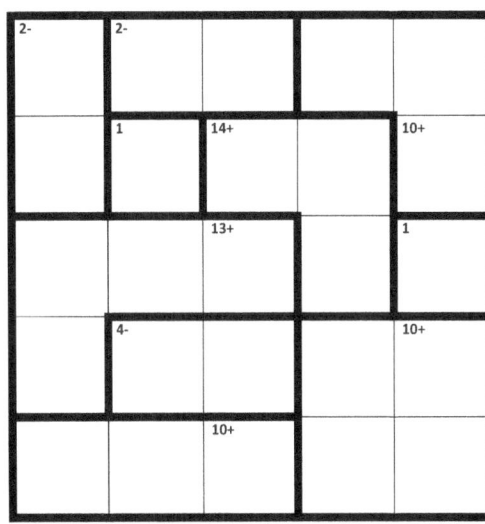

MEDIUM - 121

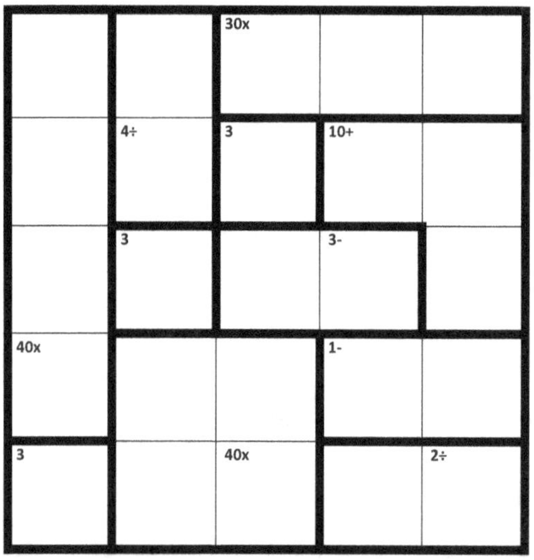

MEDIUM - 122

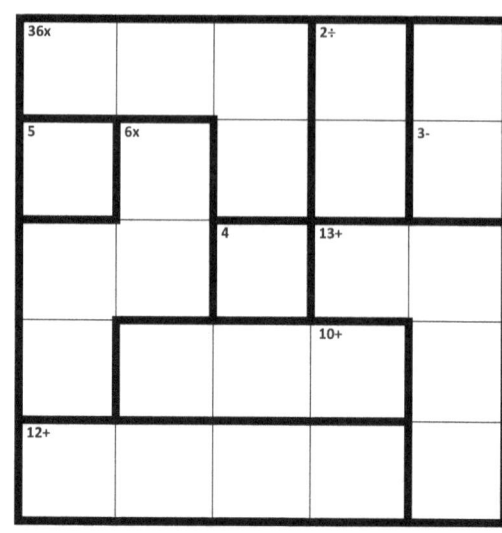

MEDIUM - 123

MEDIUM - 124

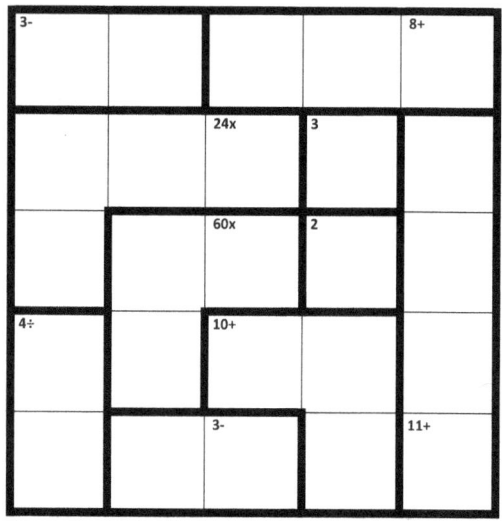

MEDIUM - 125

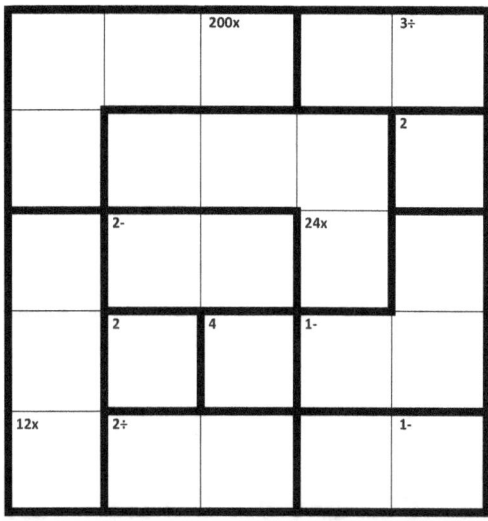

MEDIUM - 126

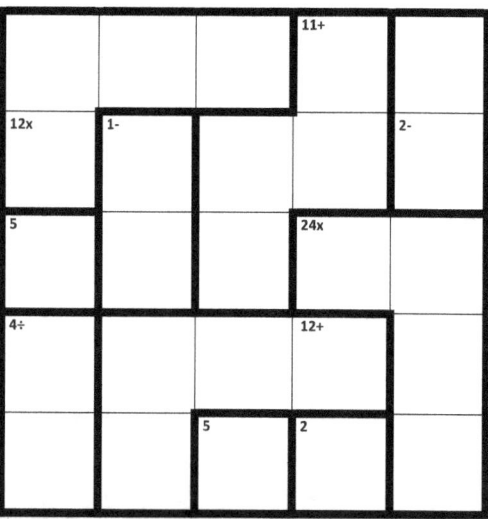

MEDIUM - 127

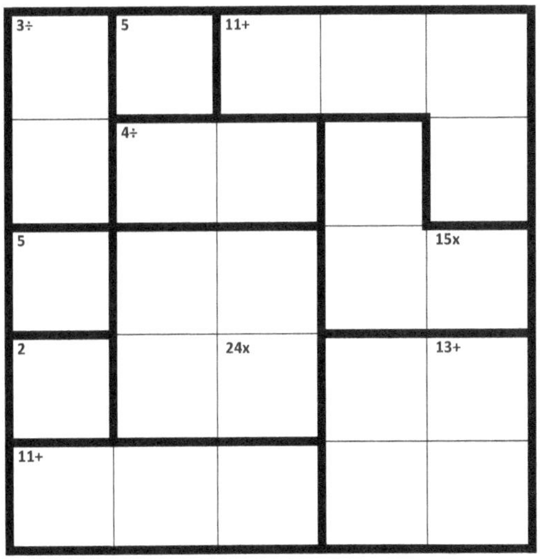

MEDIUM - 128
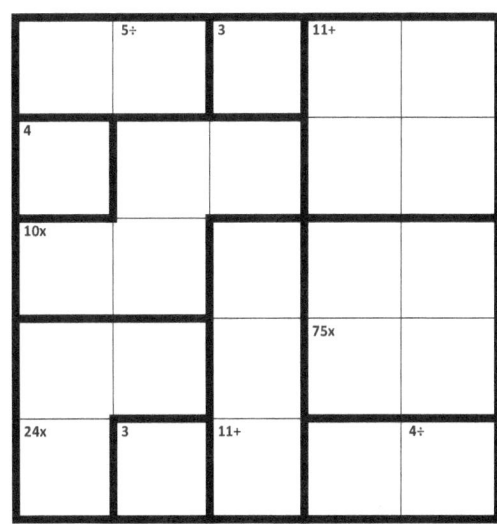

MEDIUM - 129
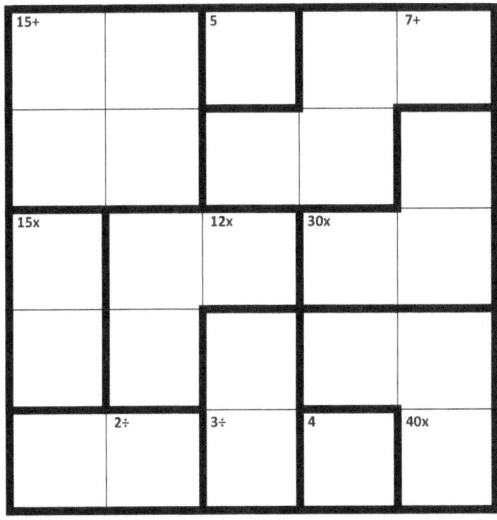

MEDIUM - 130
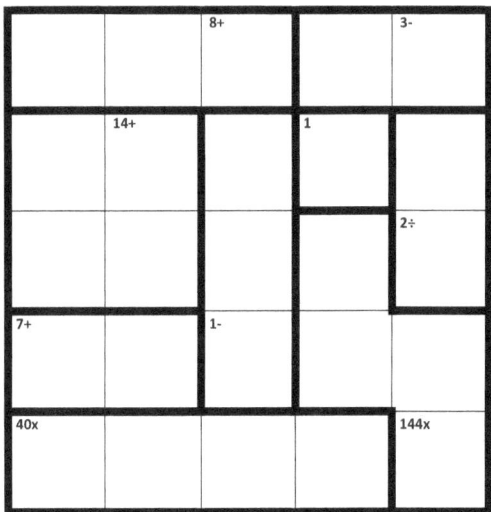

MEDIUM - 131
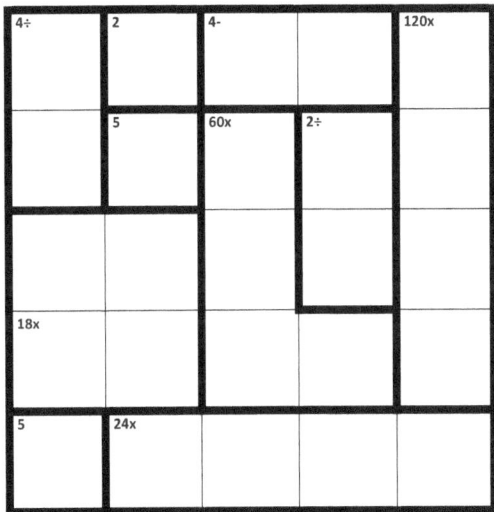

MEDIUM - 132

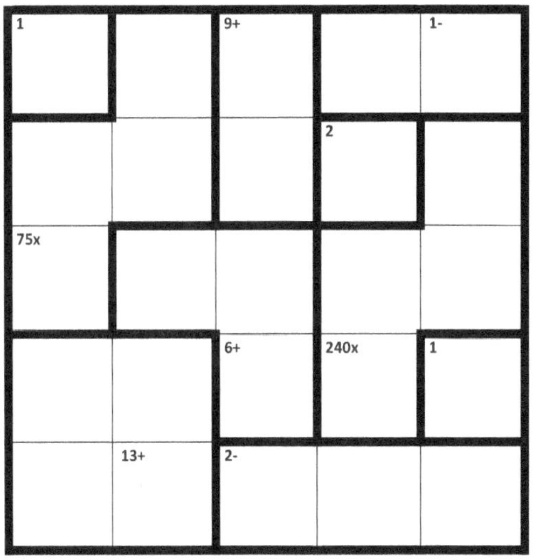

MEDIUM - 133

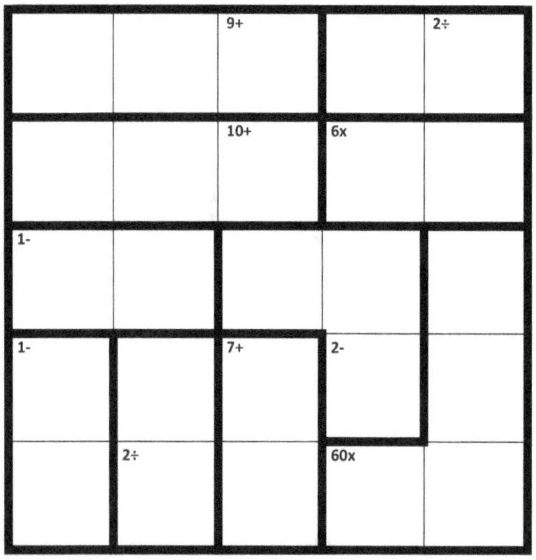

MEDIUM - 134

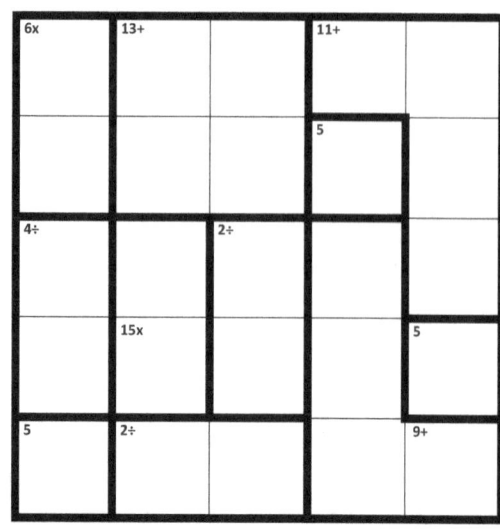

MEDIUM - 135

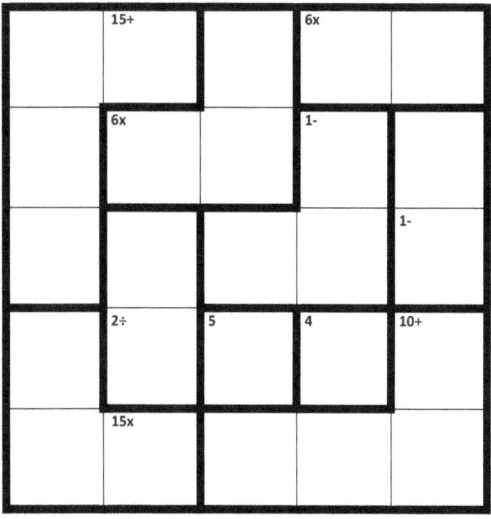

MEDIUM - 136

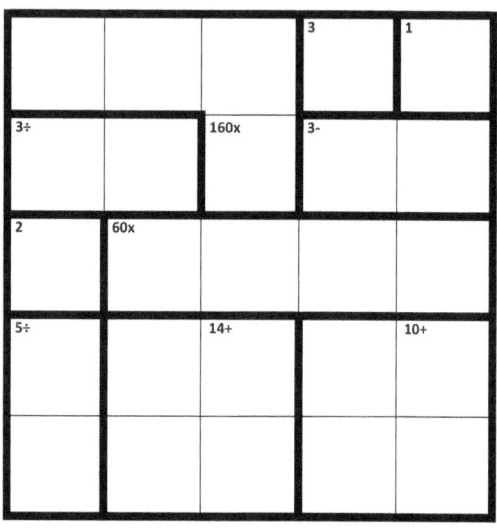

MEDIUM - 137

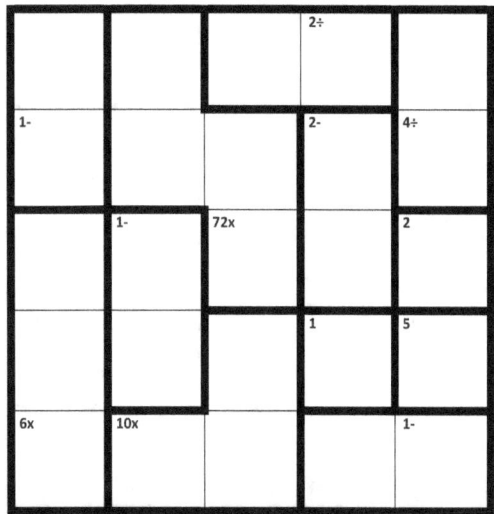

MEDIUM - 138

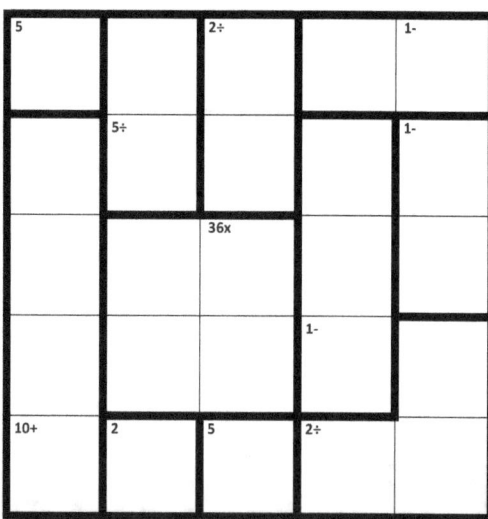

MEDIUM - 139

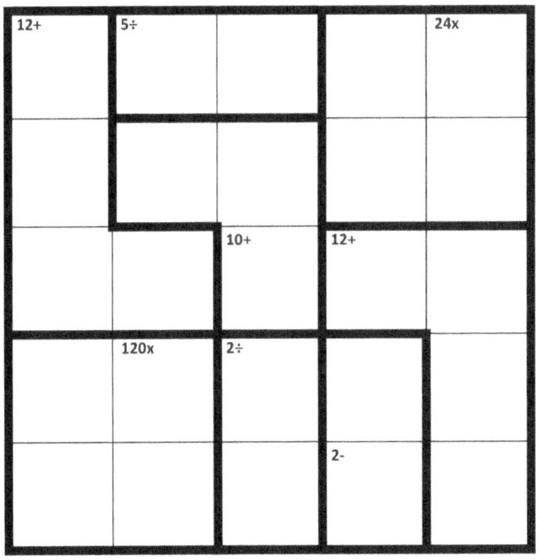

MEDIUM - 140

MEDIUM - 141

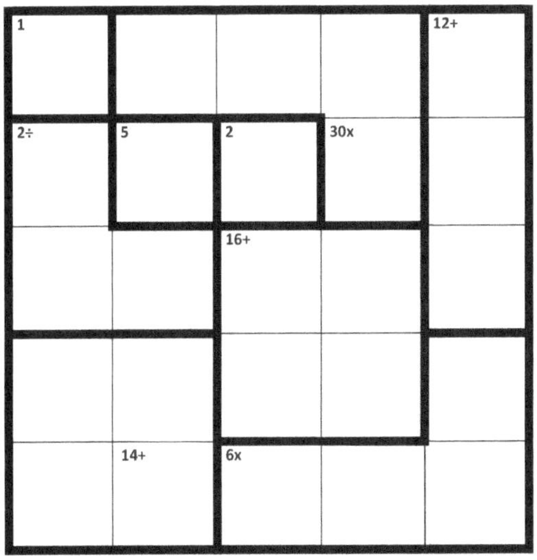

MEDIUM - 142

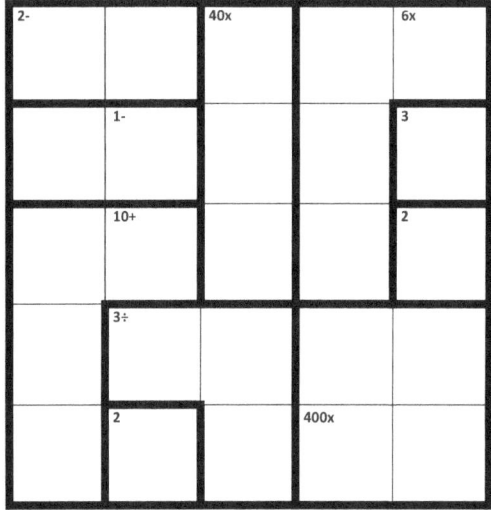

MEDIUM - 143

MEDIUM - 144

MEDIUM - 145

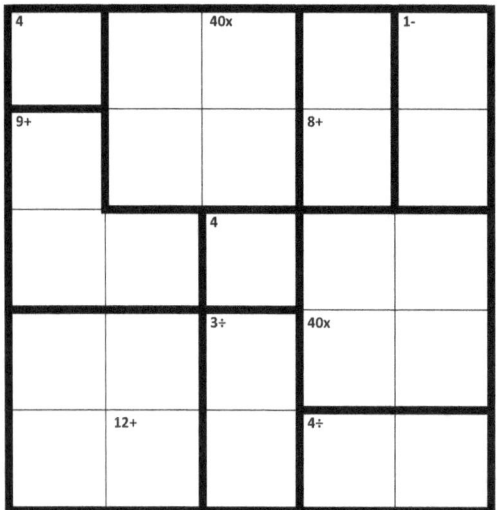

MEDIUM - 146

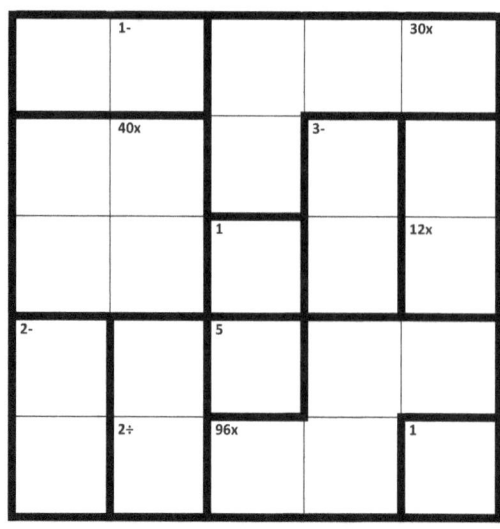

MEDIUM - 147

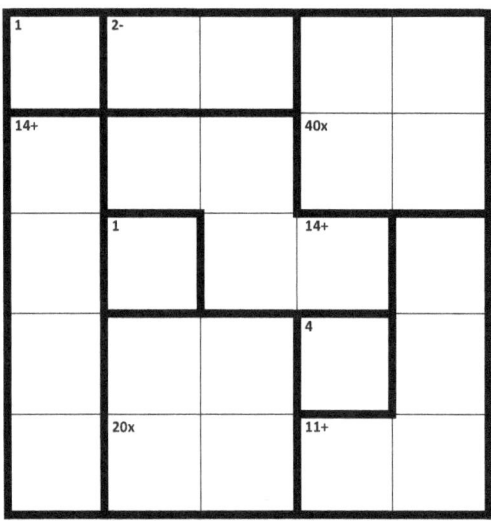

MEDIUM - 148

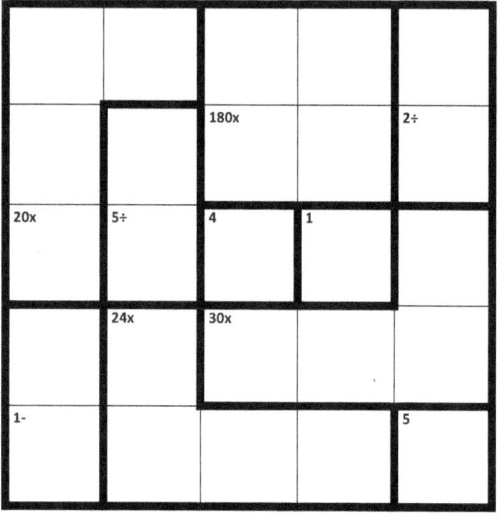

MEDIUM - 149

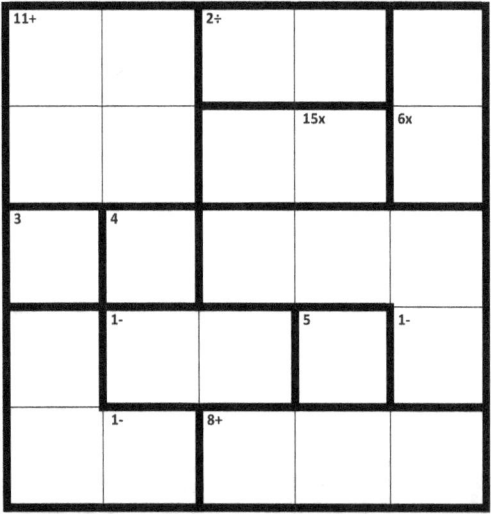

MEDIUM - 150

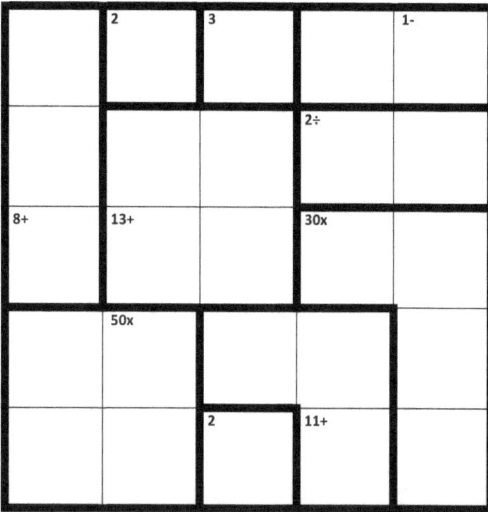

MEDIUM - 151

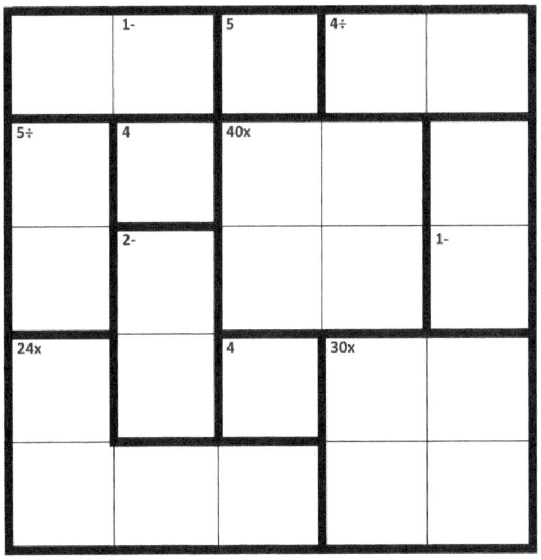

MEDIUM - 152
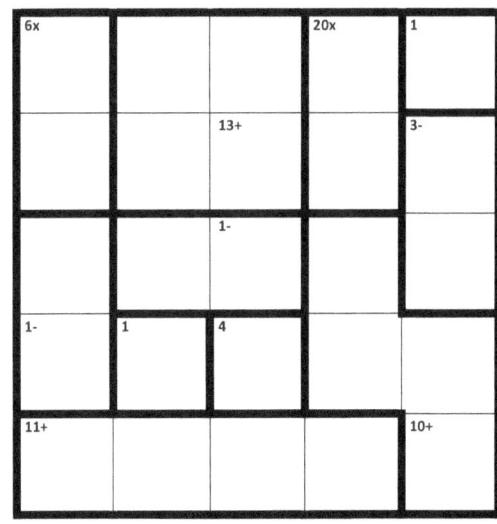

MEDIUM - 153

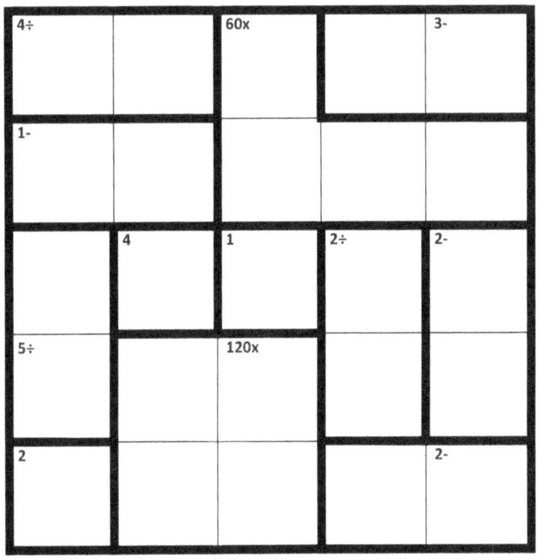

MEDIUM - 154

MEDIUM - 155
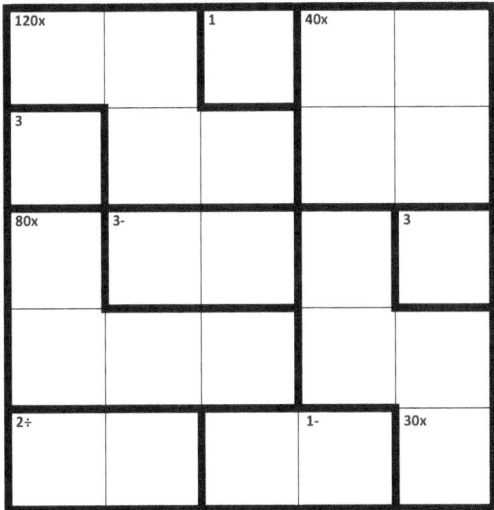

MEDIUM - 156

MEDIUM - 157

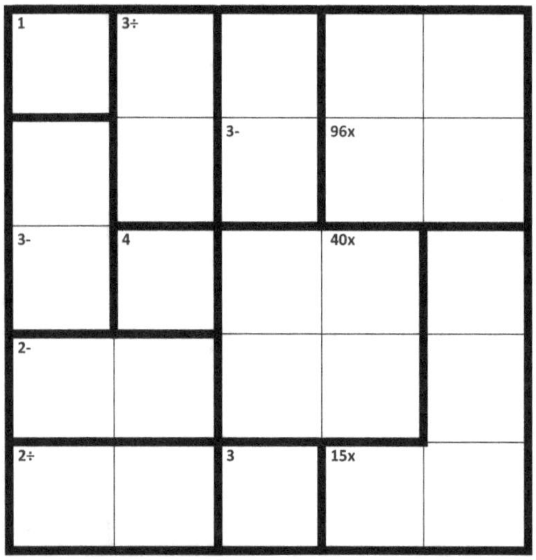

MEDIUM - 158

MEDIUM - 159

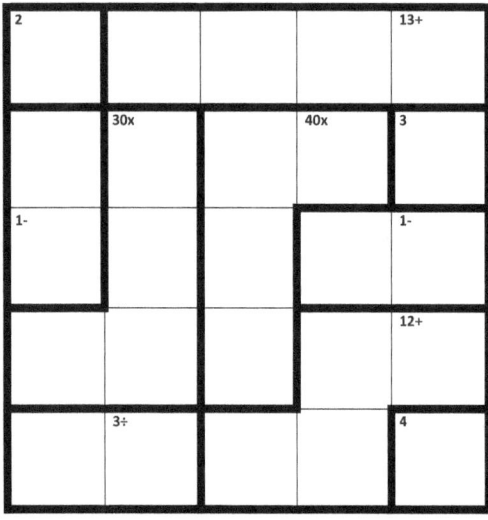

MEDIUM - 160

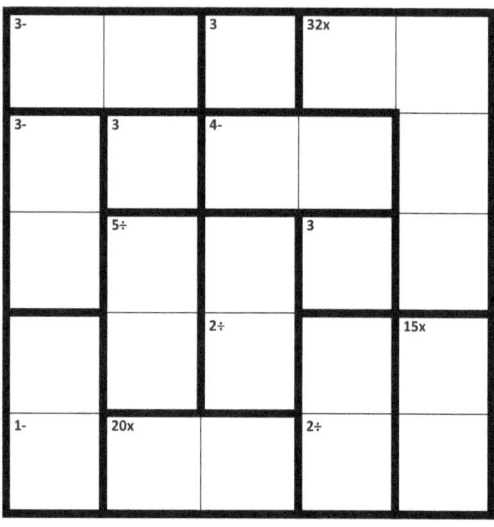

MEDIUM - 161

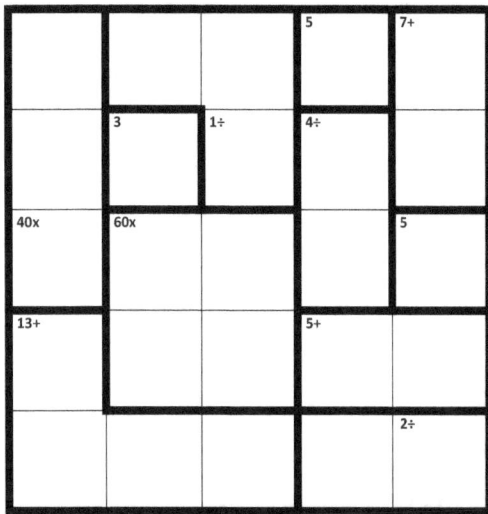

MEDIUM - 162

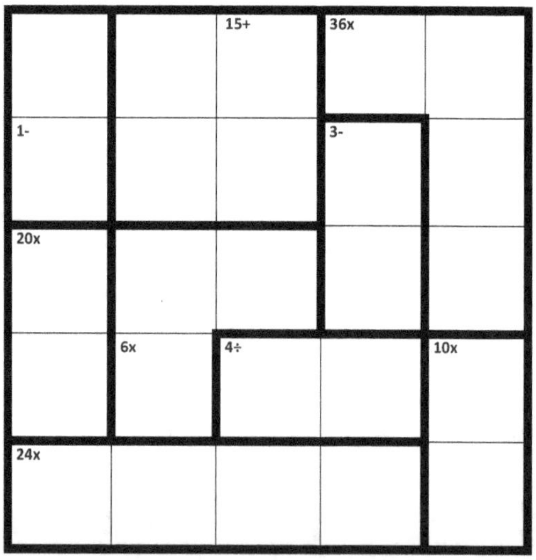

MEDIUM - 163

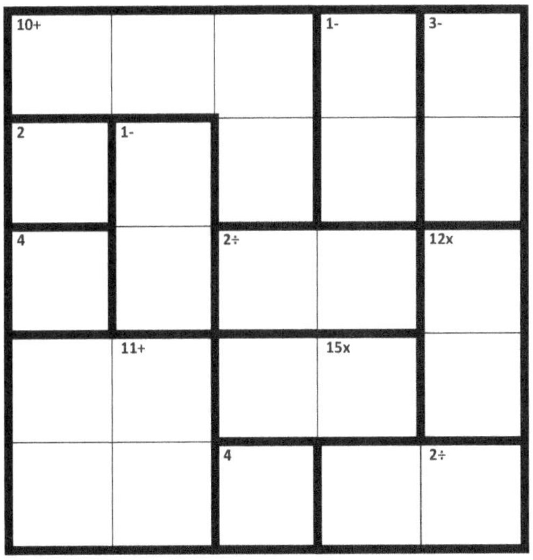

MEDIUM - 164

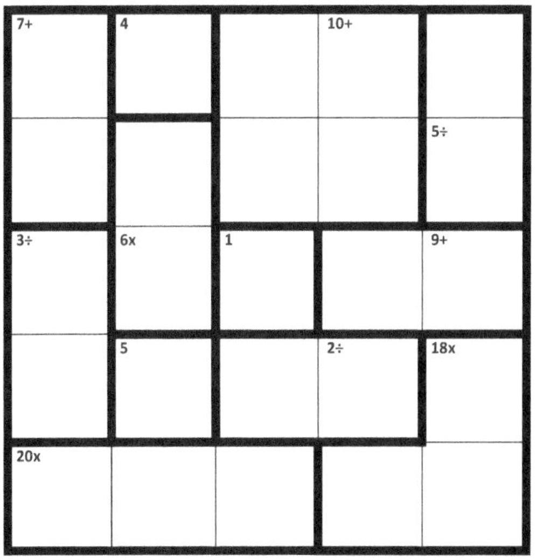

MEDIUM - 165

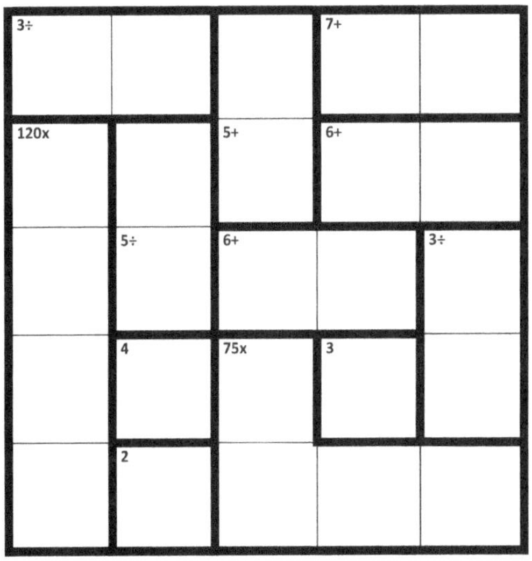

MEDIUM - 166

MEDIUM - 167

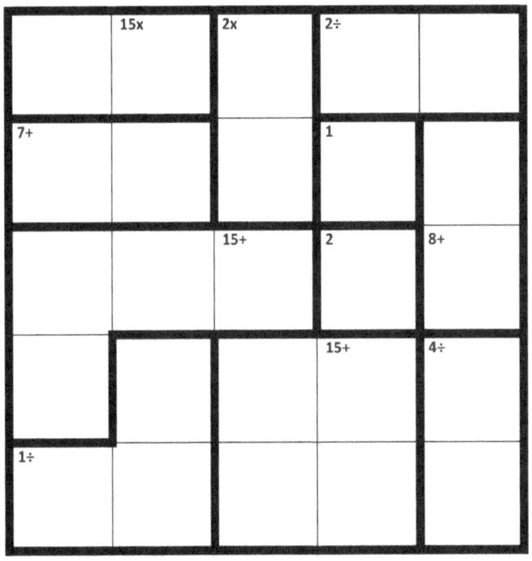

MEDIUM - 168

MEDIUM - 169

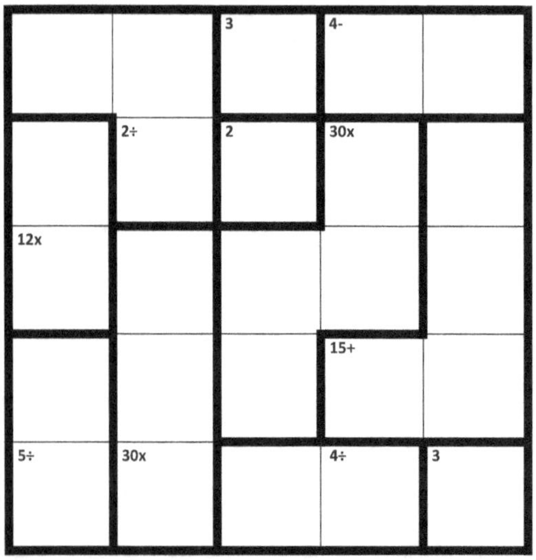

MEDIUM - 170

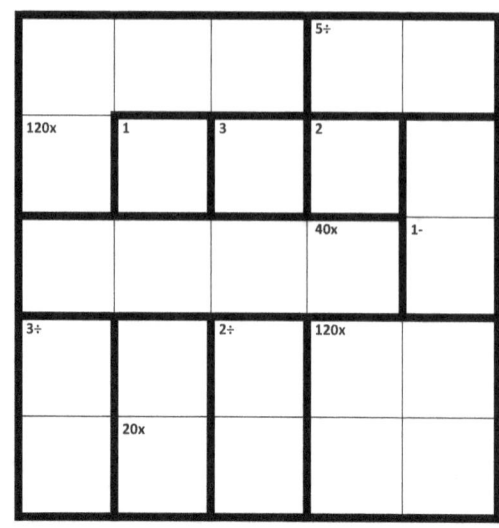

MEDIUM - 171

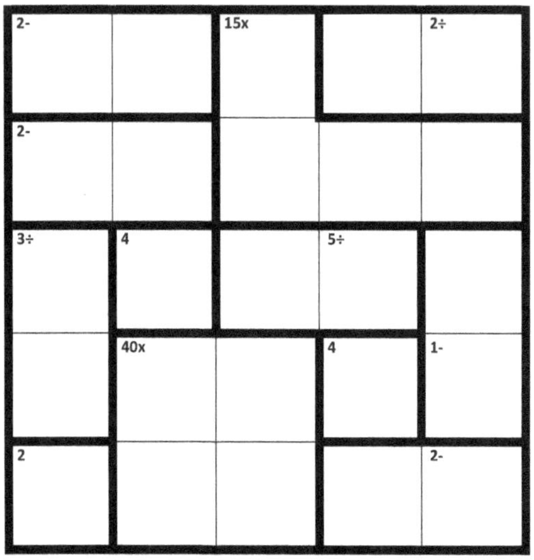

MEDIUM - 172

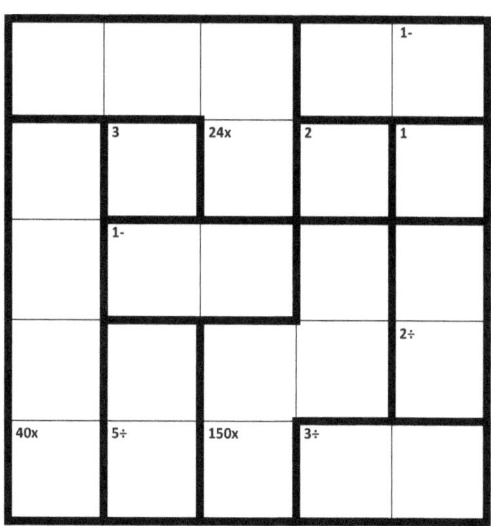

MEDIUM - 173

MEDIUM - 174

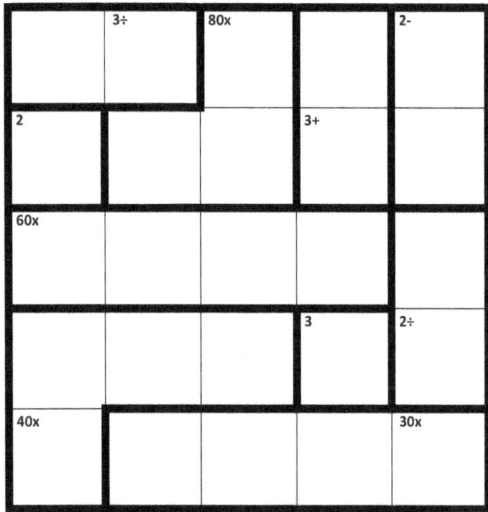

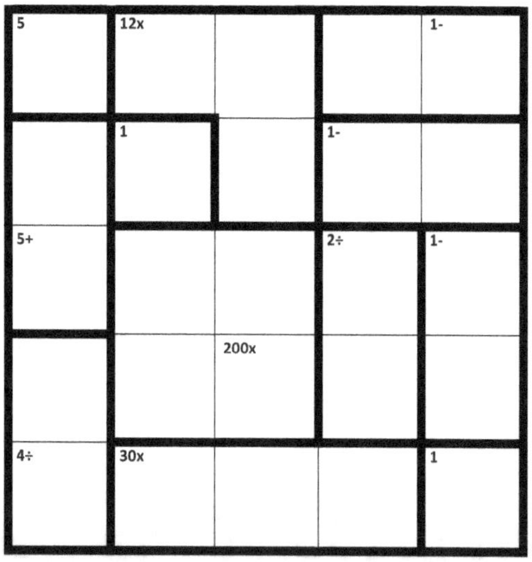

MEDIUM - 175
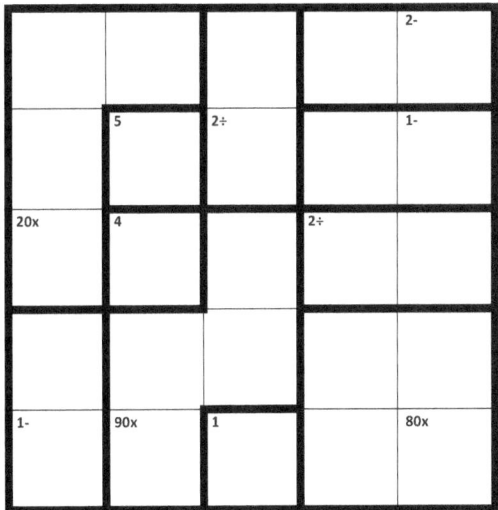

MEDIUM - 176
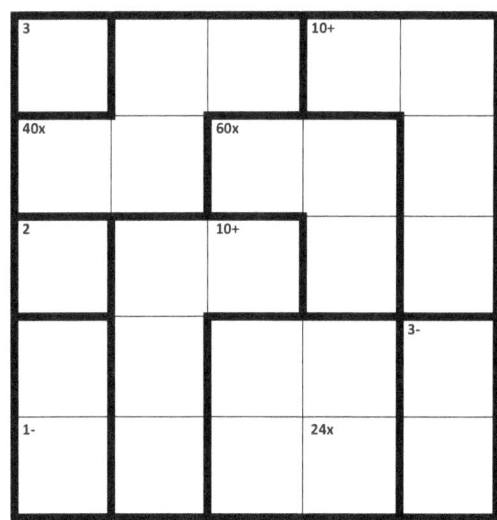

MEDIUM - 177
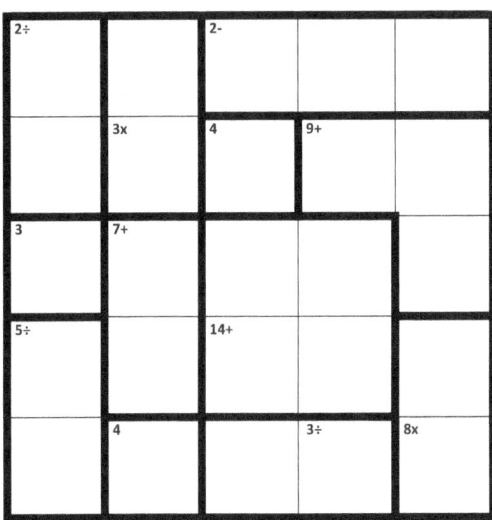

MEDIUM - 178
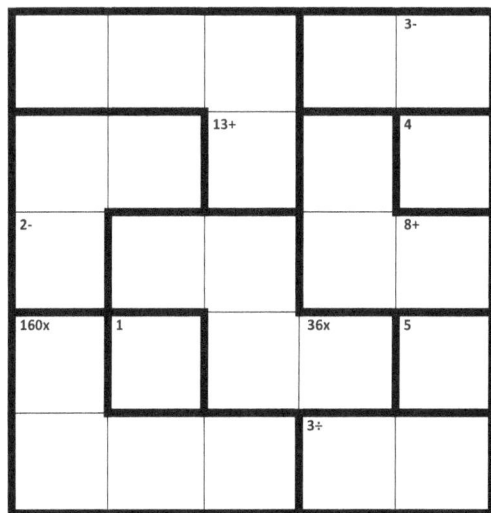

MEDIUM - 179
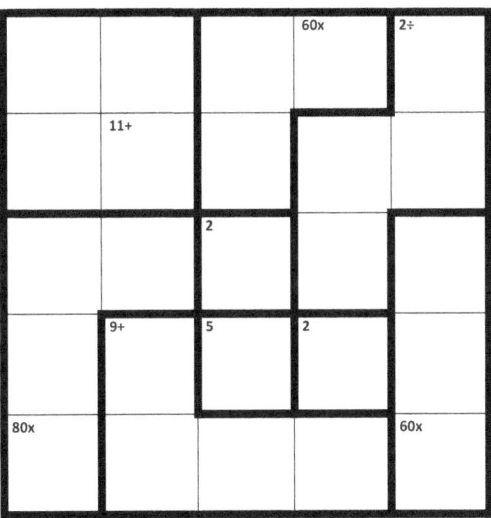

MEDIUM - 180

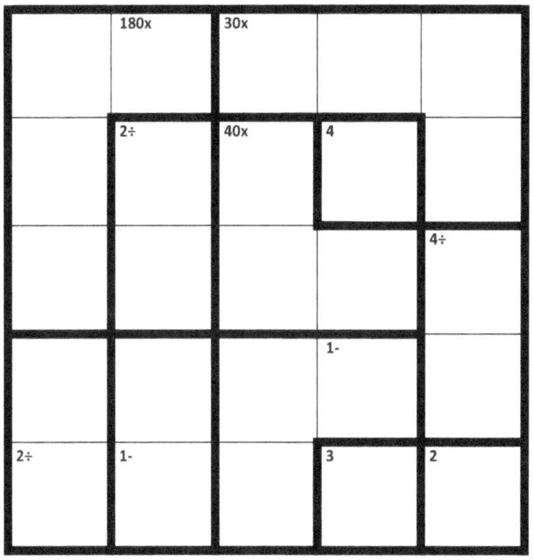

MEDIUM - 181

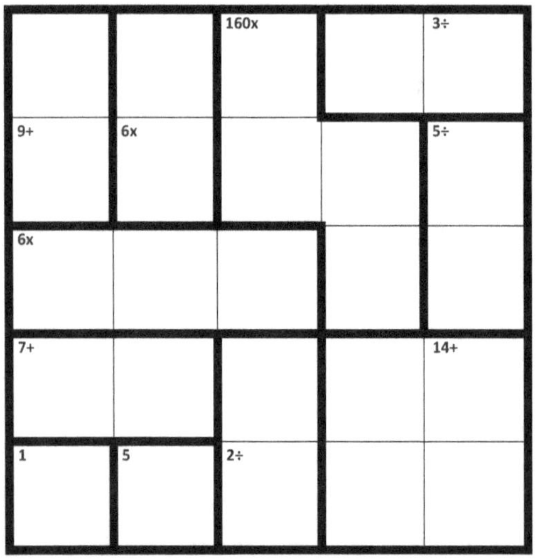

MEDIUM - 182

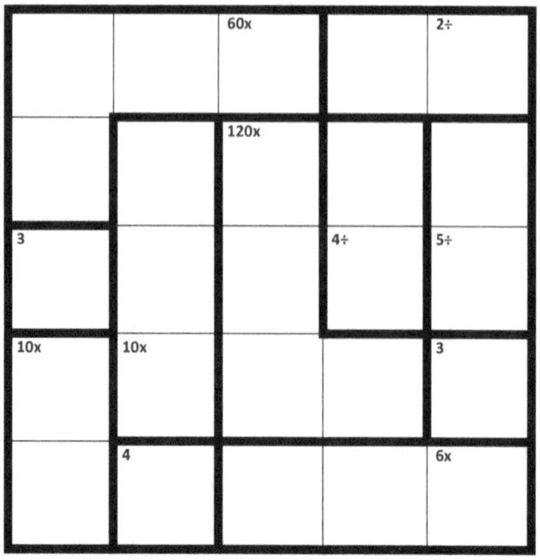

MEDIUM - 183

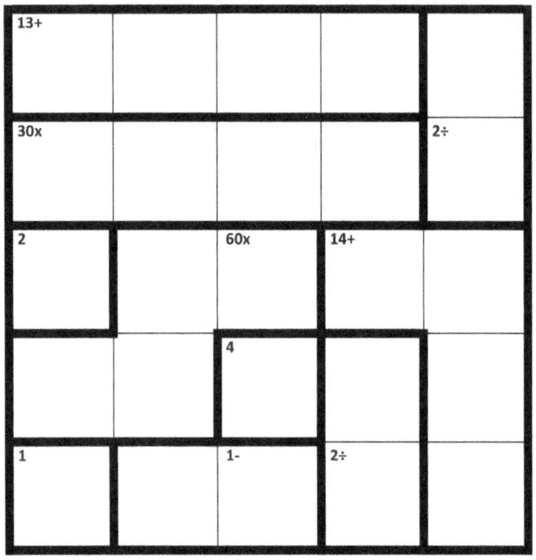

MEDIUM - 184

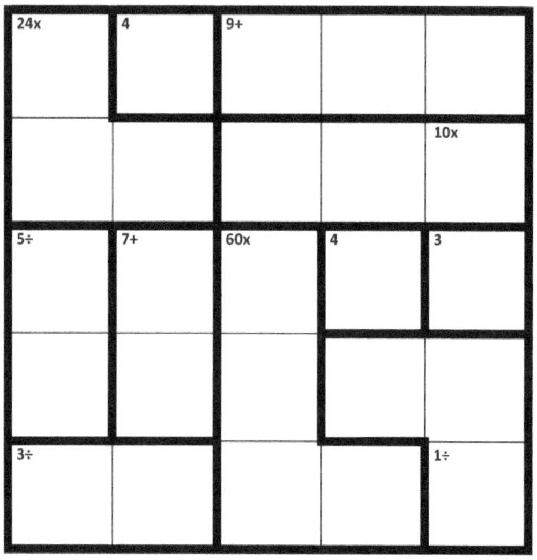

MEDIUM - 185

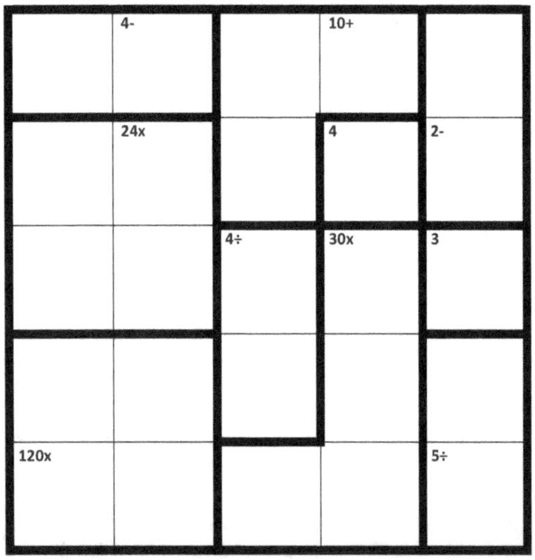

MEDIUM - 186

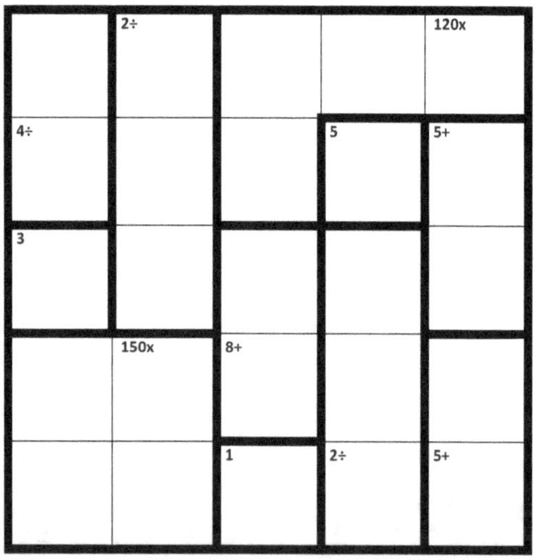

MEDIUM - 187

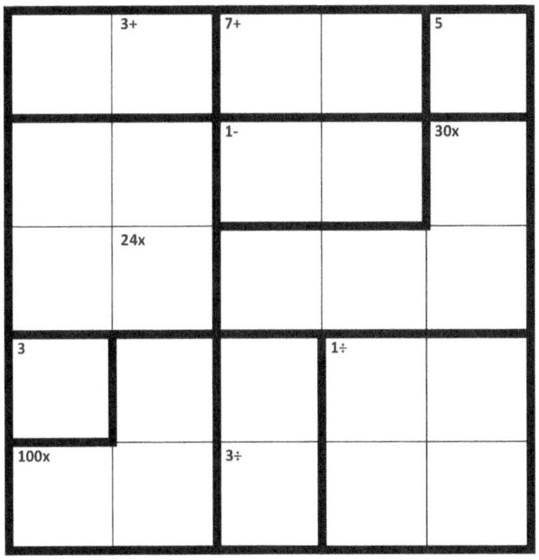

MEDIUM - 188

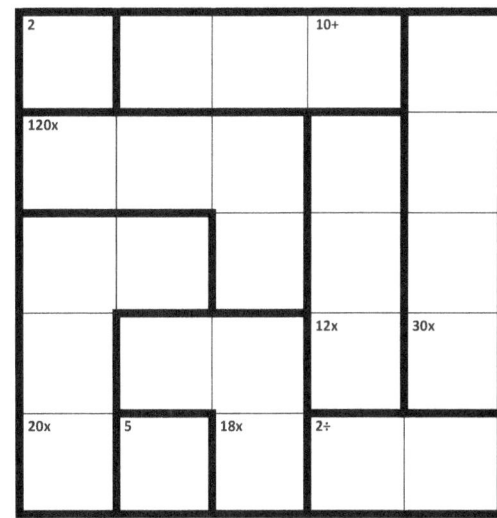

MEDIUM - 189

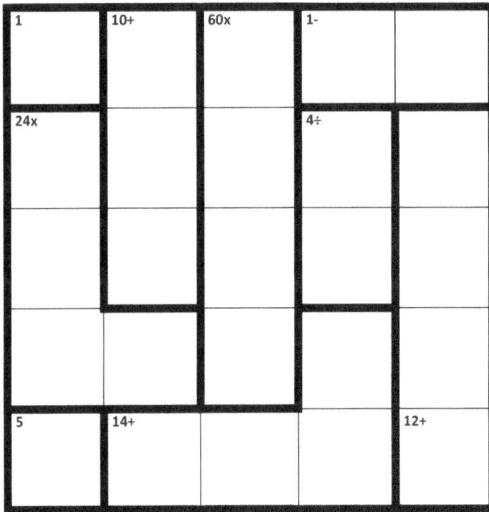

MEDIUM - 190

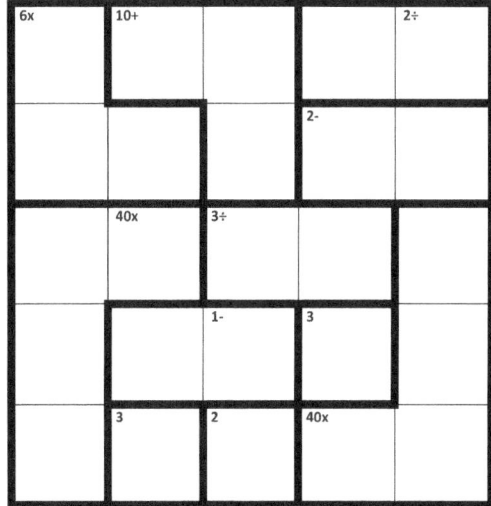

MEDIUM - 191

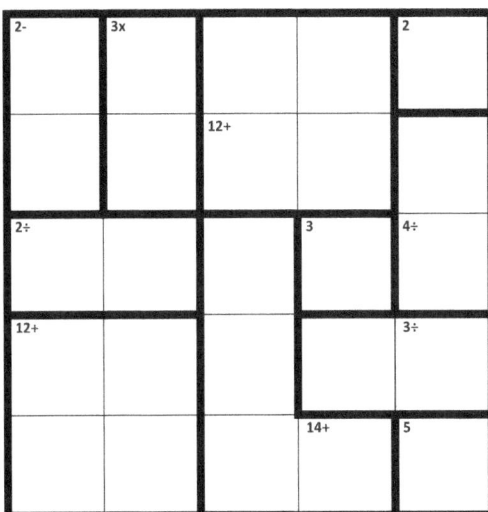

MEDIUM - 192

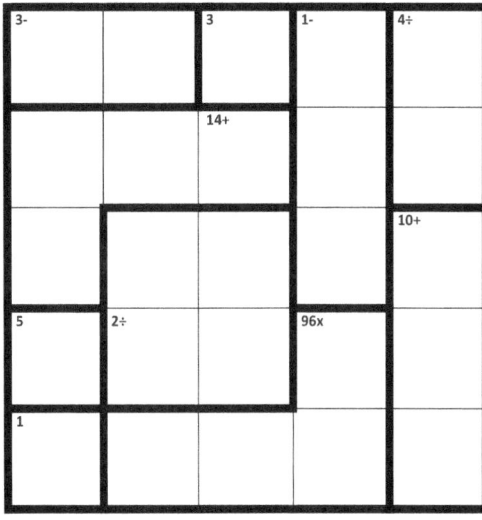

MEDIUM - 193

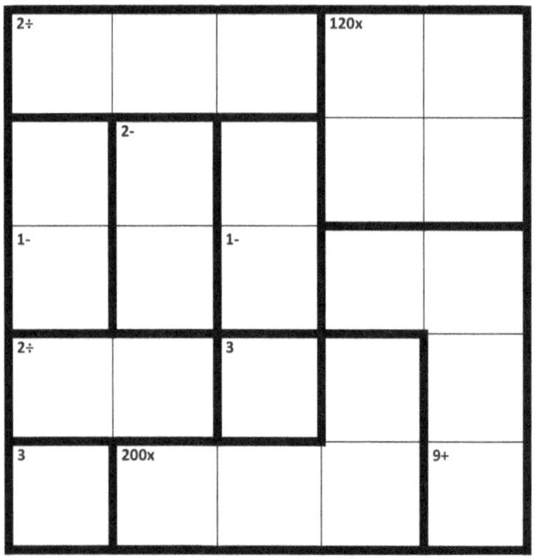

MEDIUM - 194
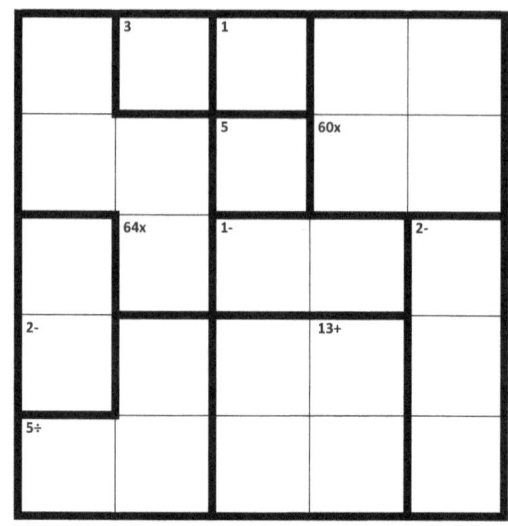

MEDIUM - 195

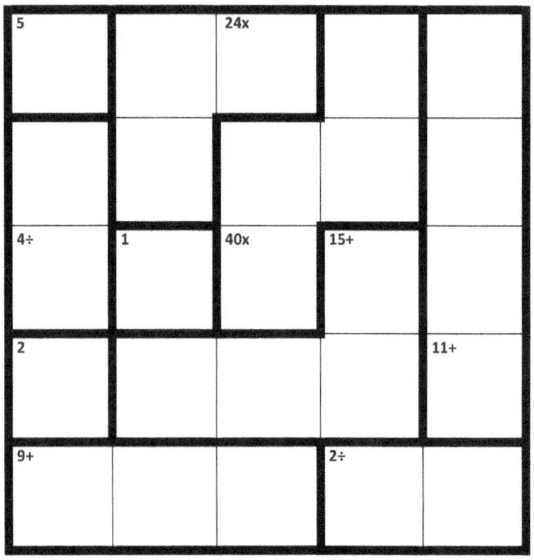

MEDIUM - 196
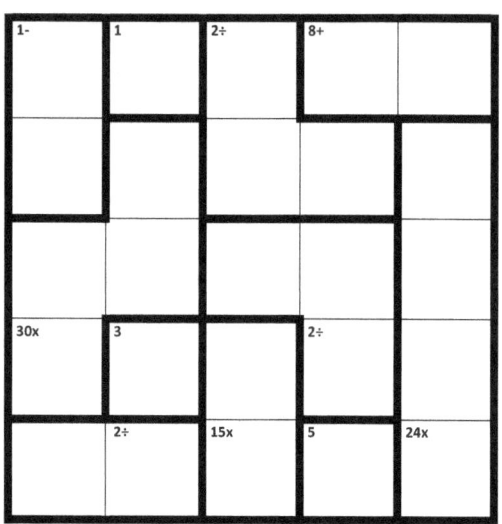

MEDIUM - 197

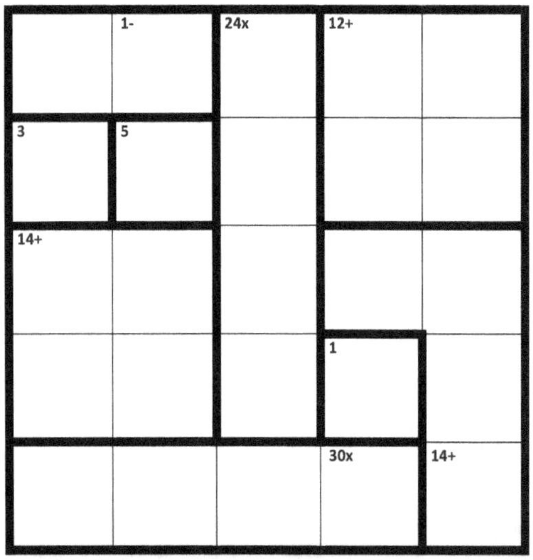

MEDIUM - 198
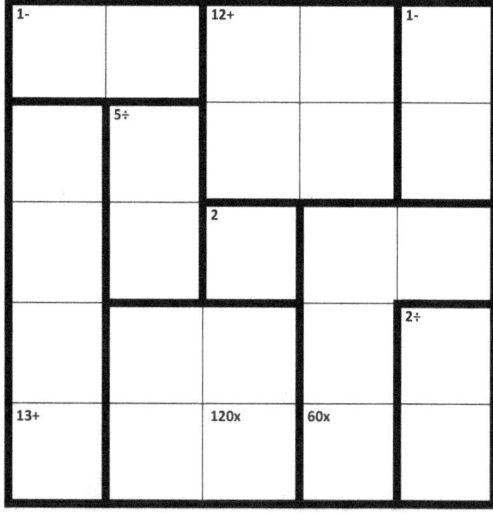

MEDIUM - 199

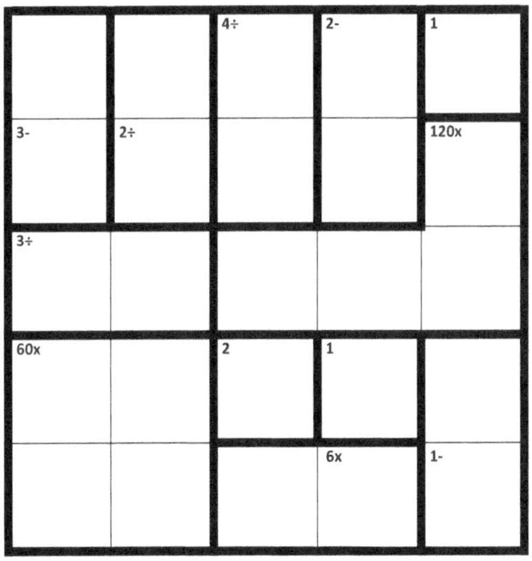

MEDIUM - 200

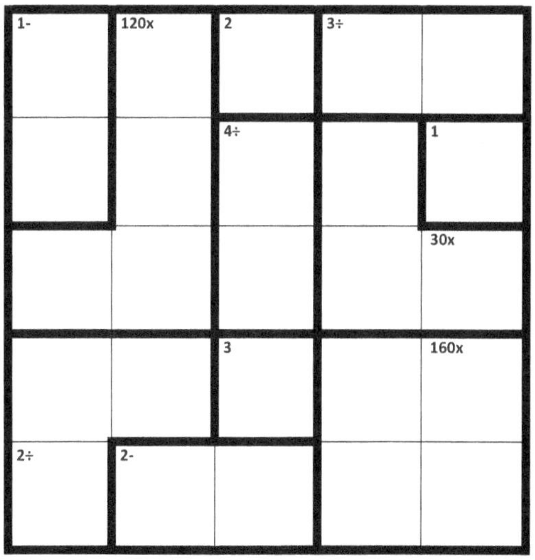

MEDIUM - 201

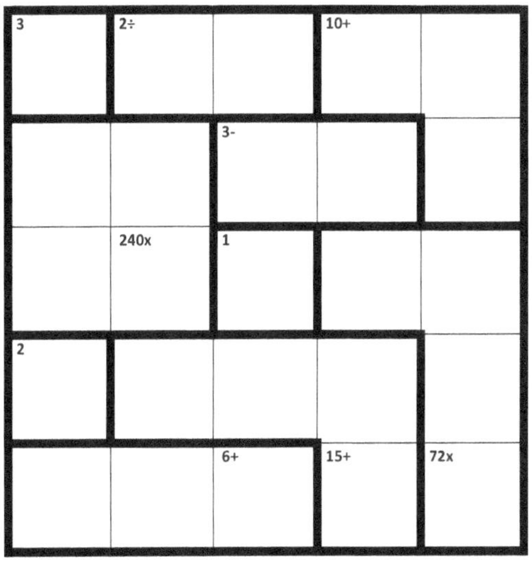

MEDIUM - 202

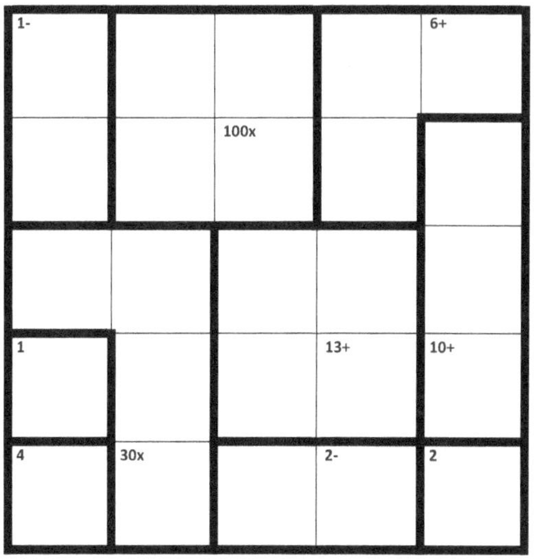

MEDIUM - 203

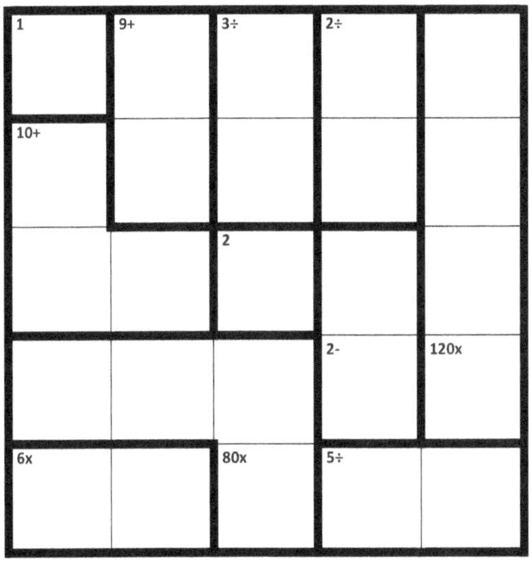

MEDIUM - 204

MEDIUM - 205

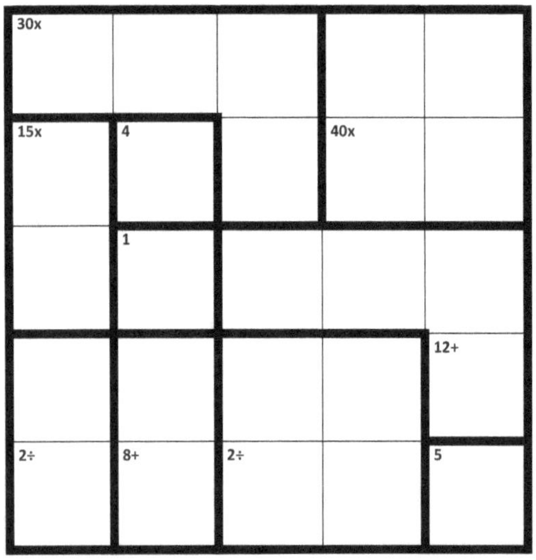

MEDIUM - 206

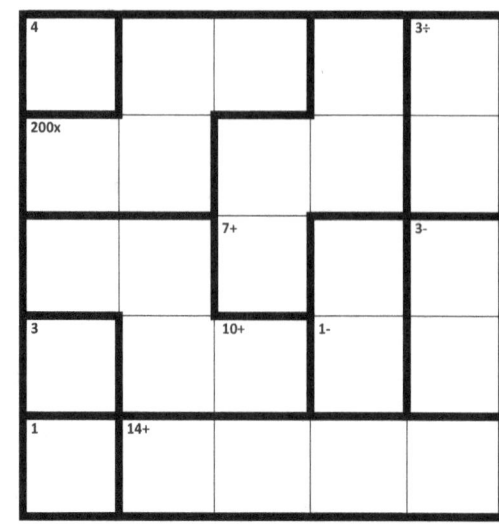

MEDIUM - 207

MEDIUM - 208

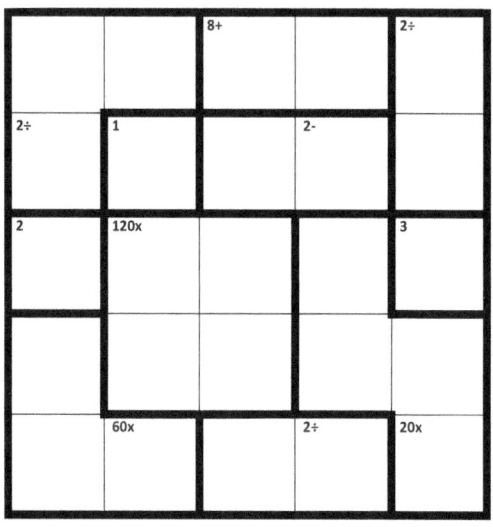

MEDIUM - 209

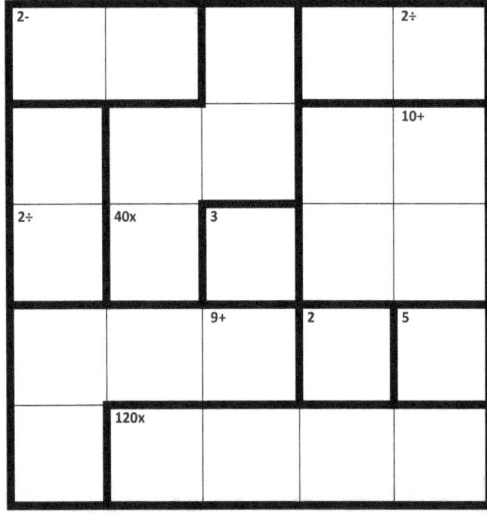

MEDIUM - 210

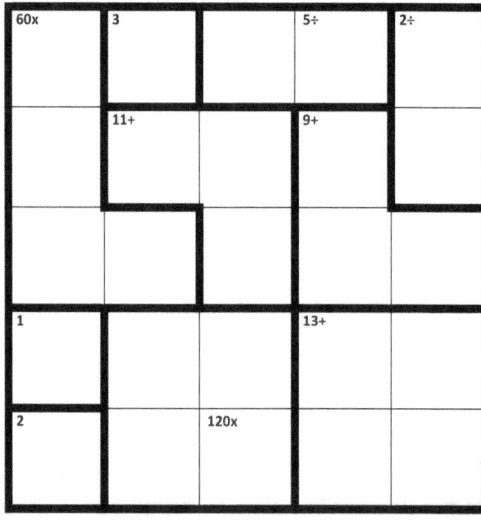

MEDIUM - 211

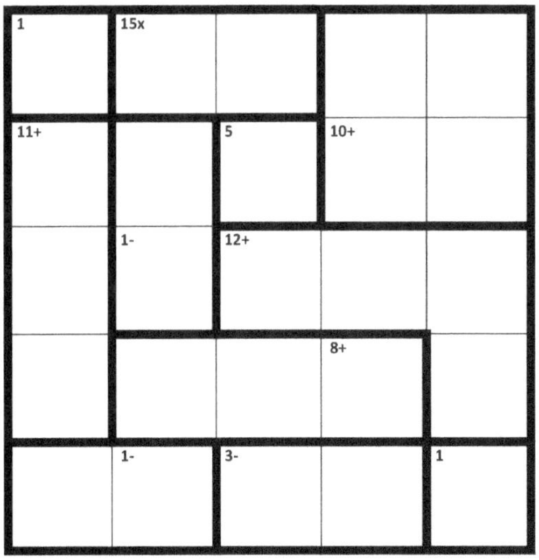

MEDIUM - 212

MEDIUM - 213

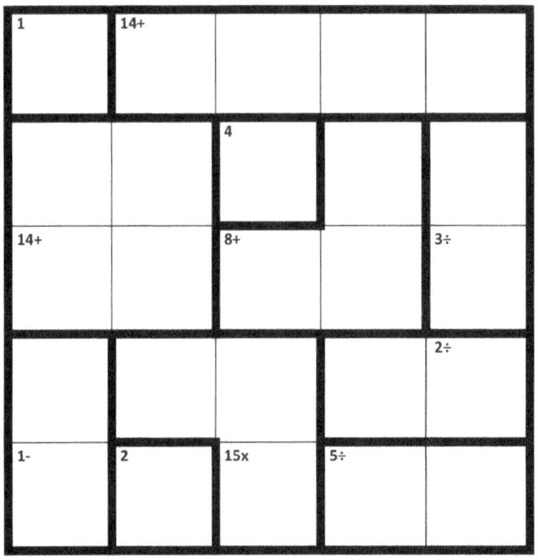

MEDIUM - 214

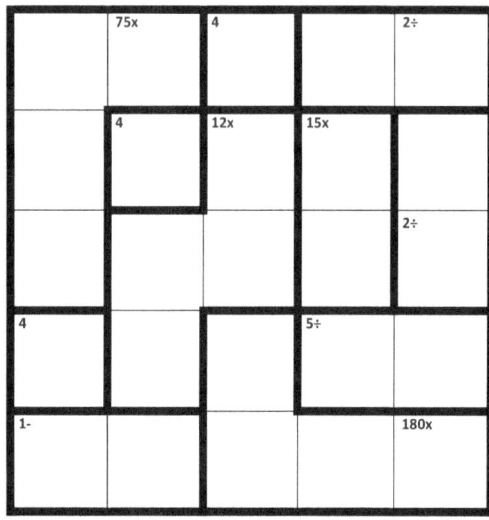

MEDIUM - 215

MEDIUM - 216

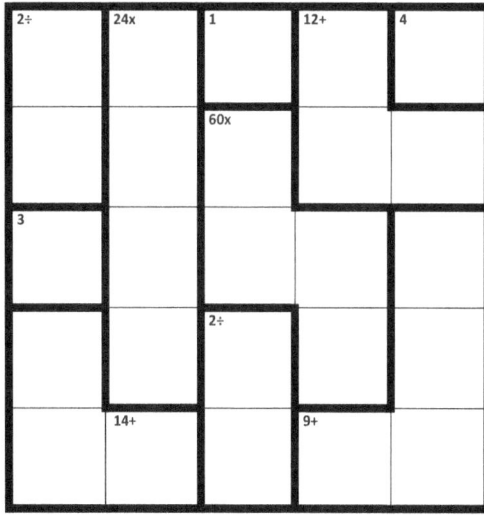

MEDIUM - 217

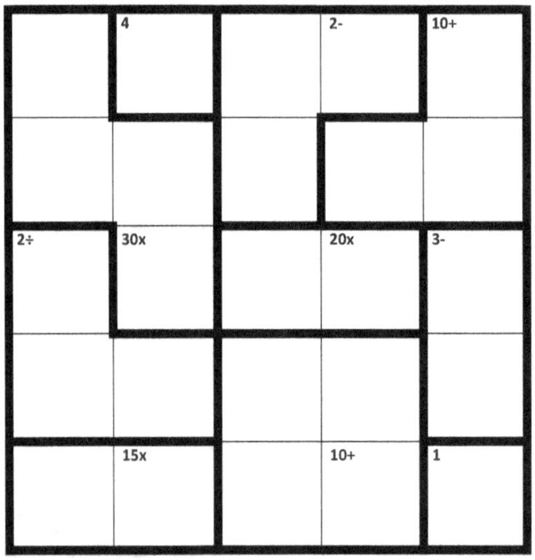

MEDIUM - 218

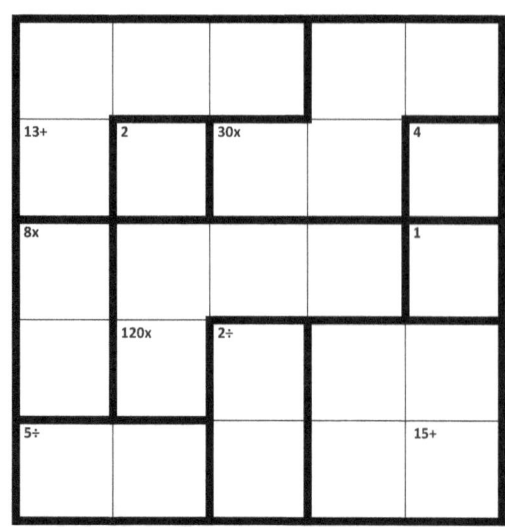

MEDIUM - 219

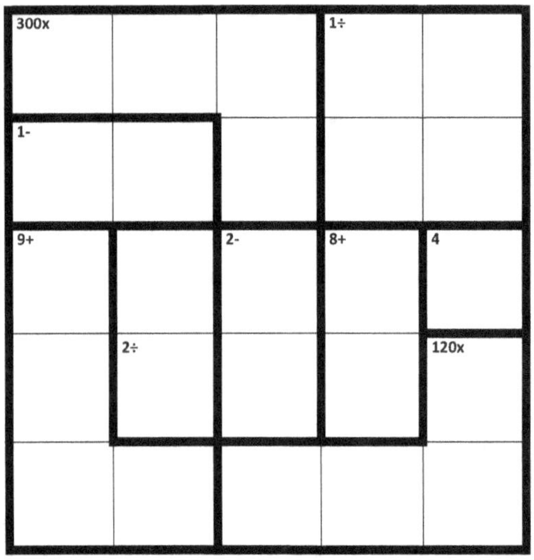

MEDIUM - 220

MEDIUM - 221

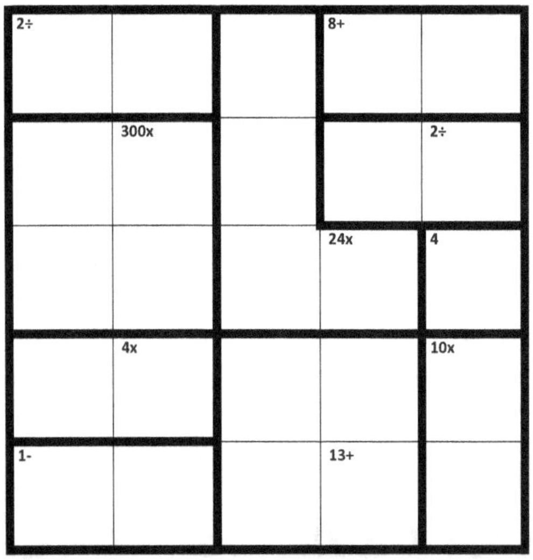

MEDIUM - 222

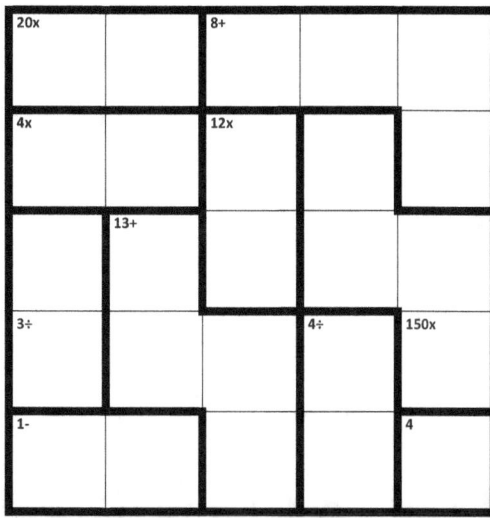

MEDIUM - 223

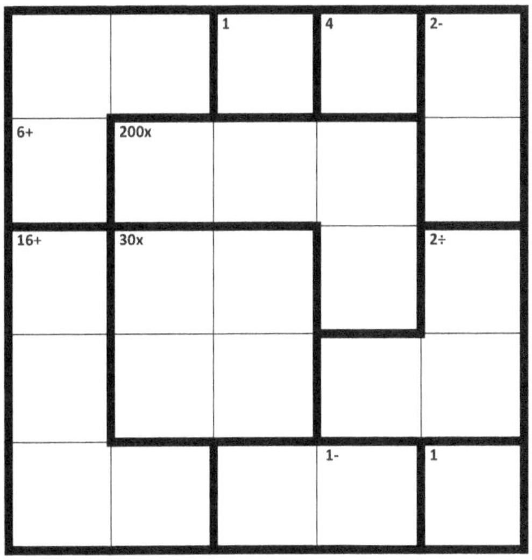

MEDIUM - 224

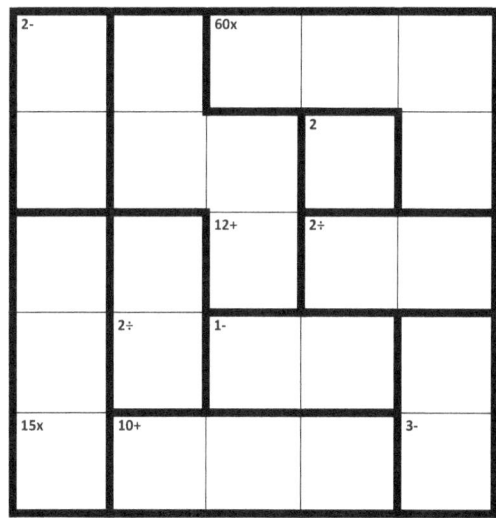

MEDIUM - 225

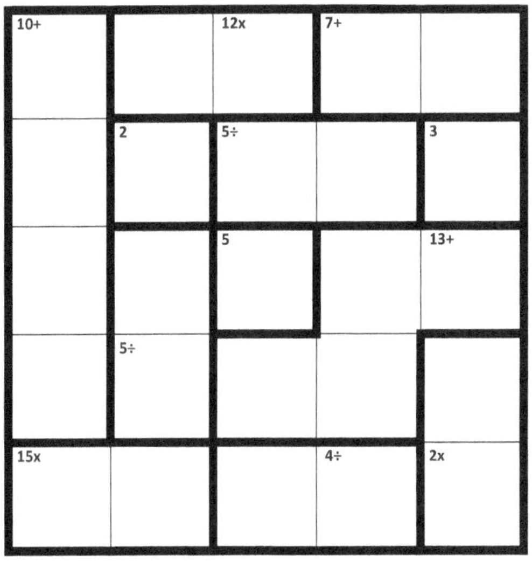

MEDIUM - 226

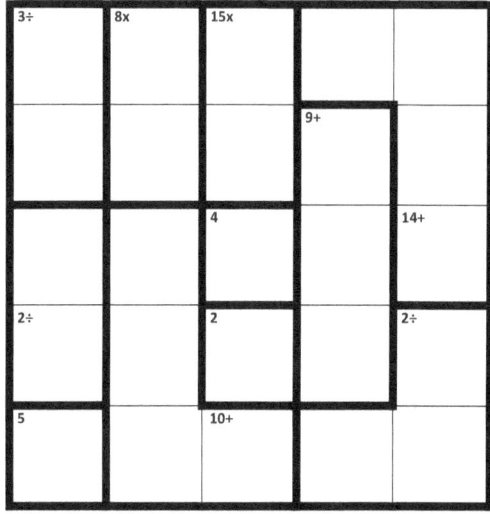

MEDIUM - 227

MEDIUM - 228

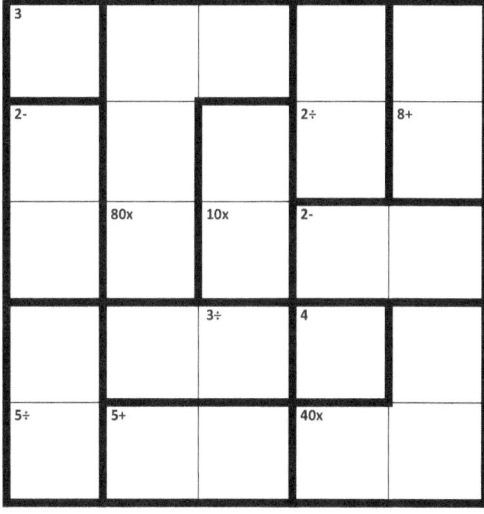

MEDIUM - 229

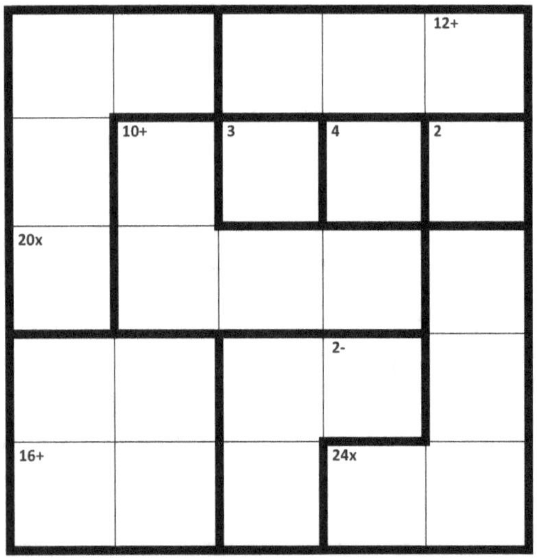

MEDIUM - 230

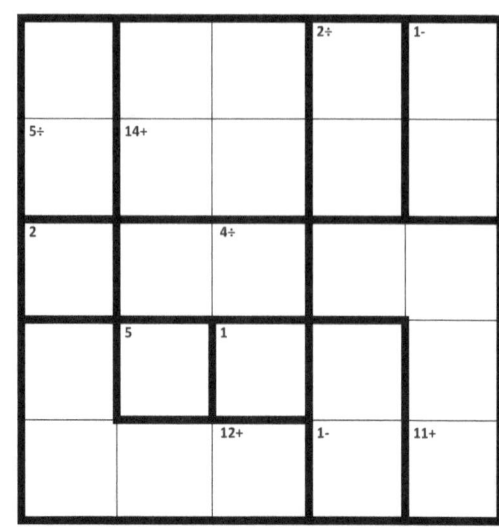

MEDIUM - 231

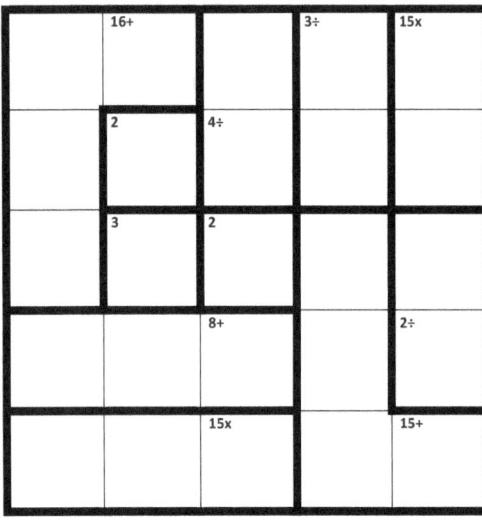

MEDIUM - 232

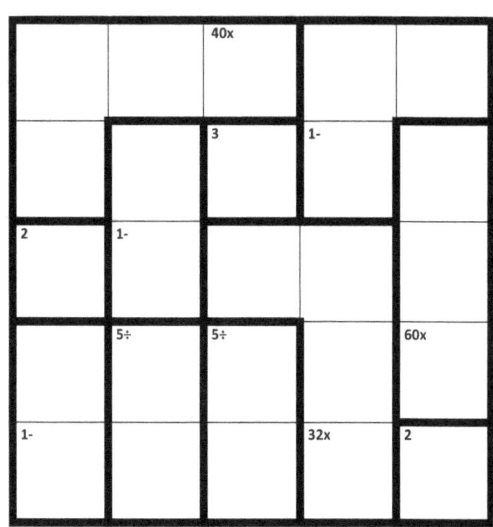

MEDIUM - 233

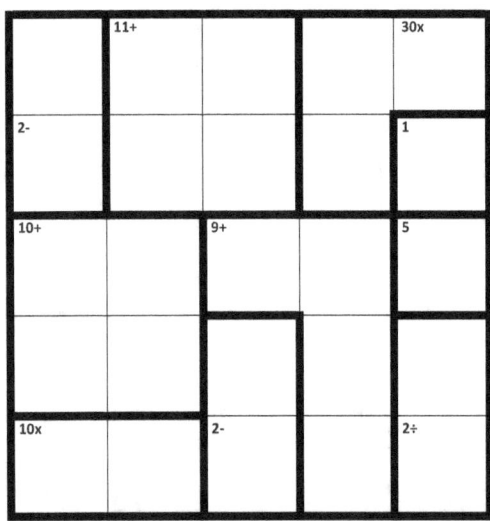

MEDIUM - 234

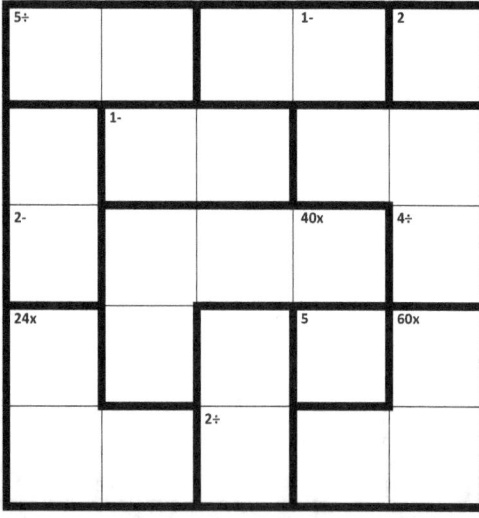

MEDIUM - 235

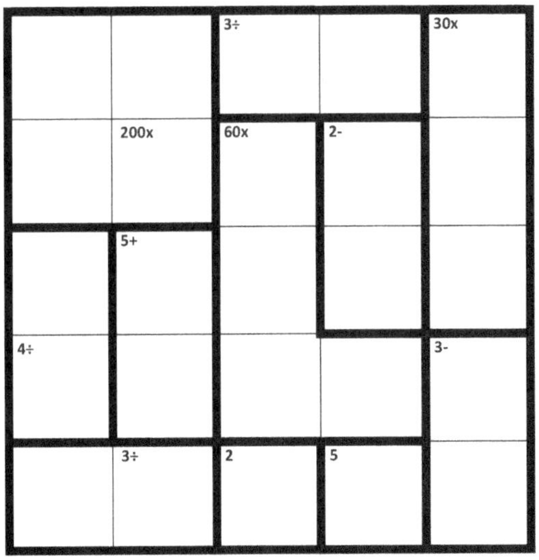

MEDIUM - 236

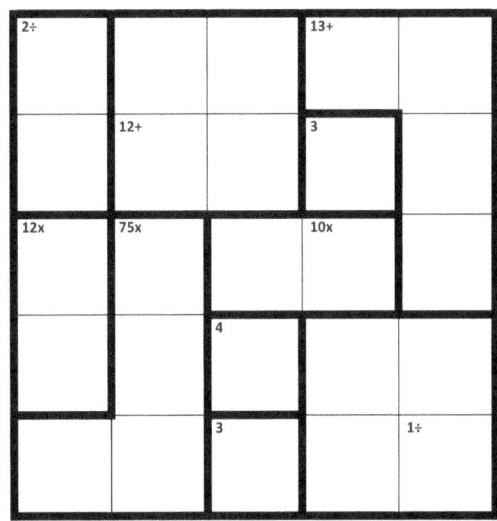

MEDIUM - 237

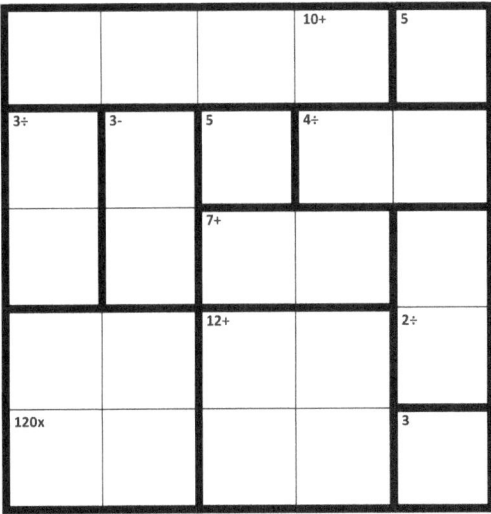

MEDIUM - 238

MEDIUM - 239

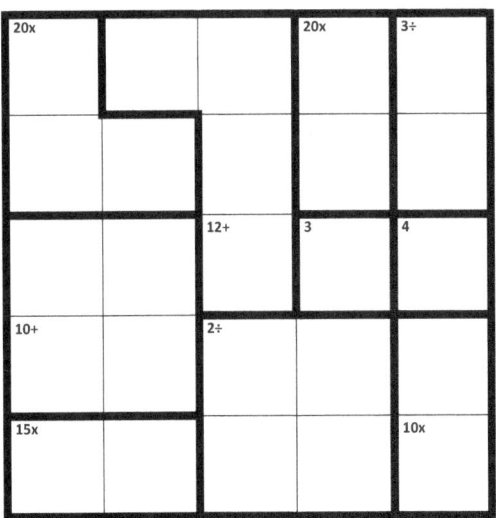

MEDIUM - 240

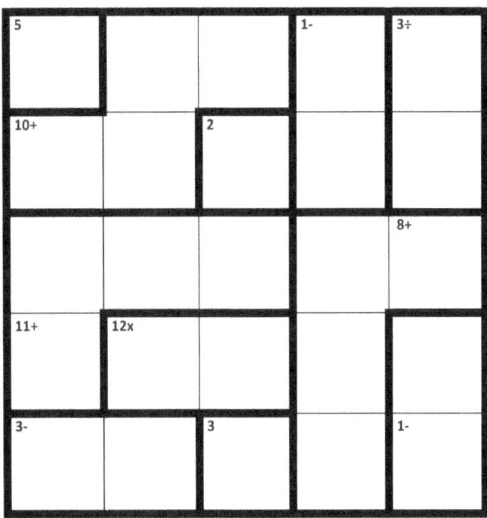

MEDIUM - 241

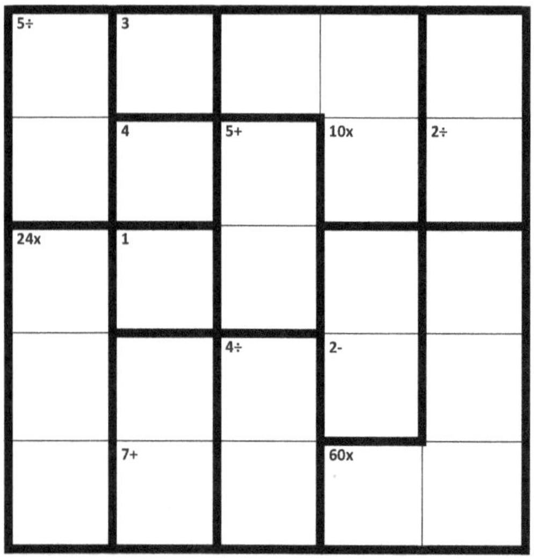

MEDIUM - 242
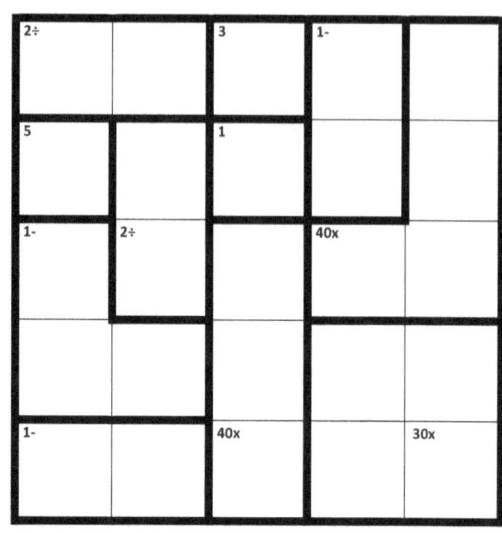

MEDIUM - 243

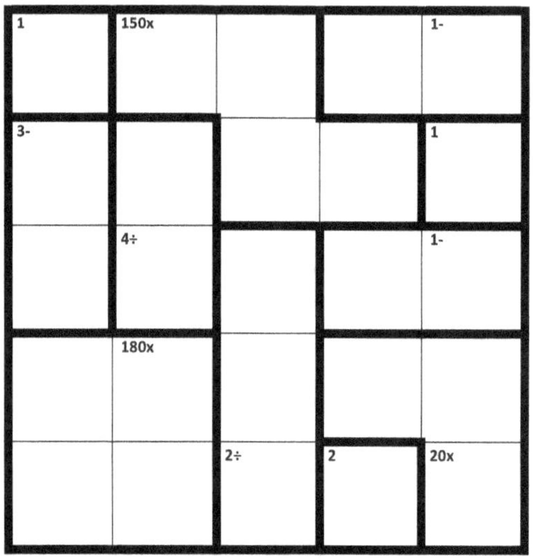

MEDIUM - 244
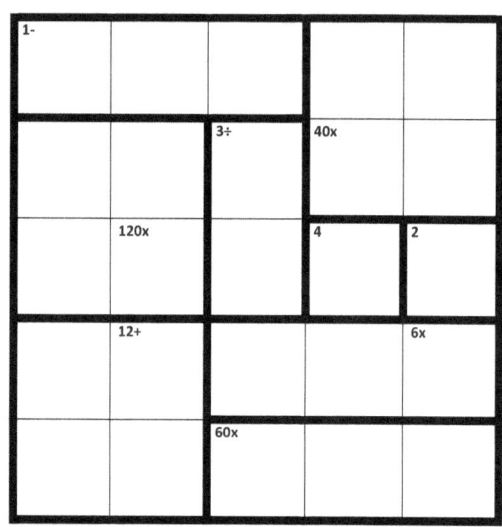

MEDIUM - 245

MEDIUM - 246
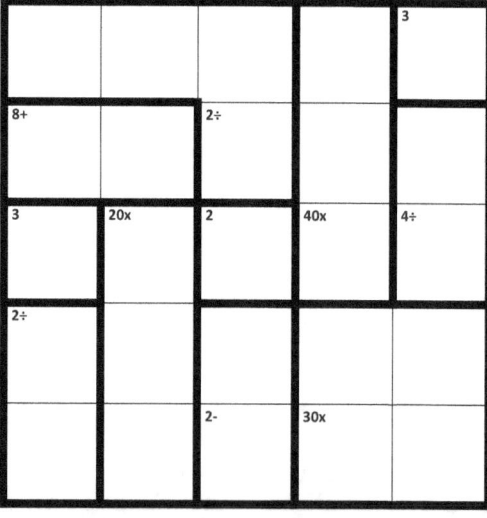

MEDIUM - 247
MEDIUM - 248
MEDIUM - 249
MEDIUM - 250
MEDIUM - 251
MEDIUM - 252

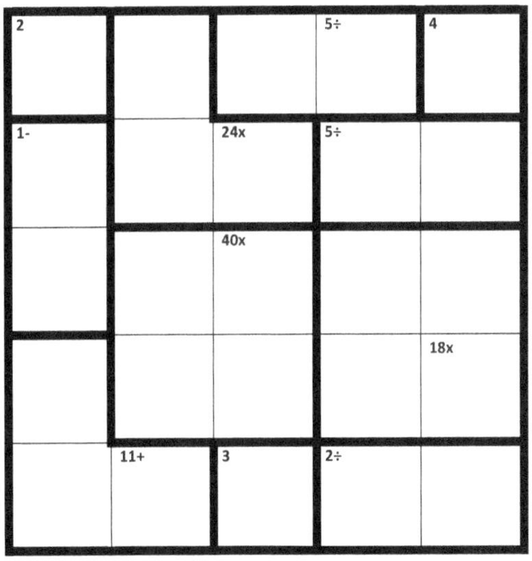

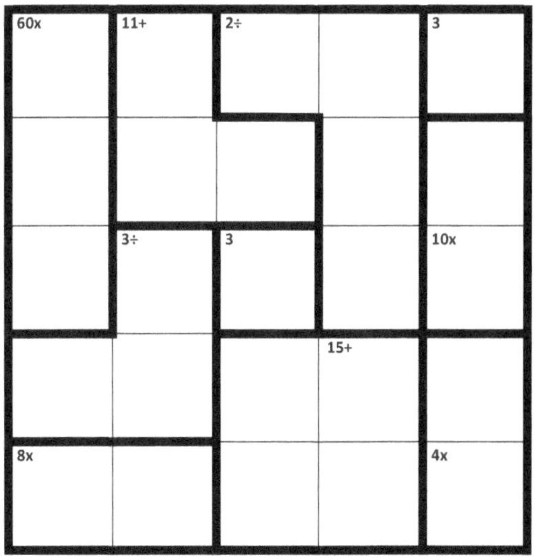

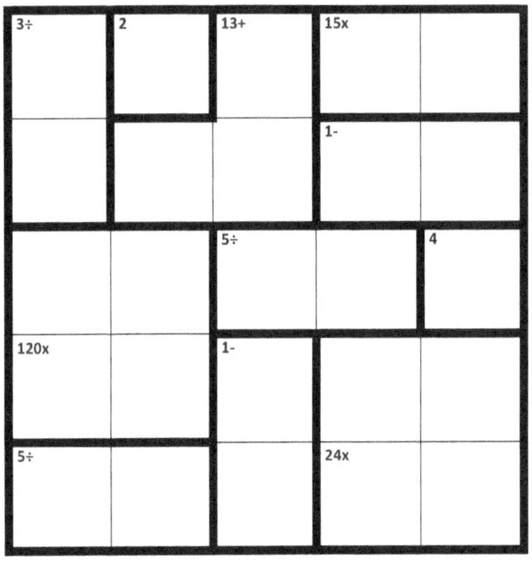

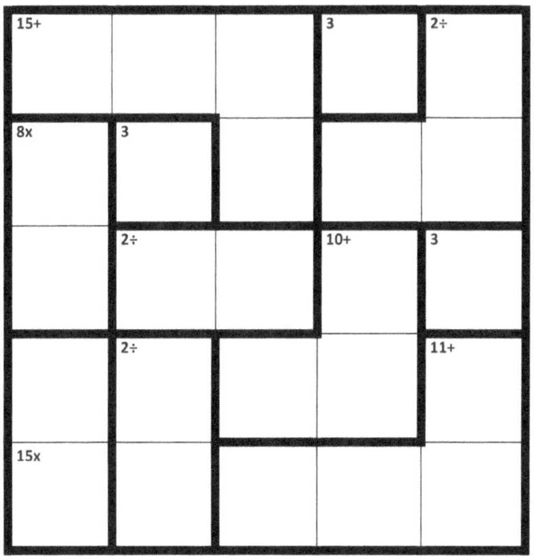

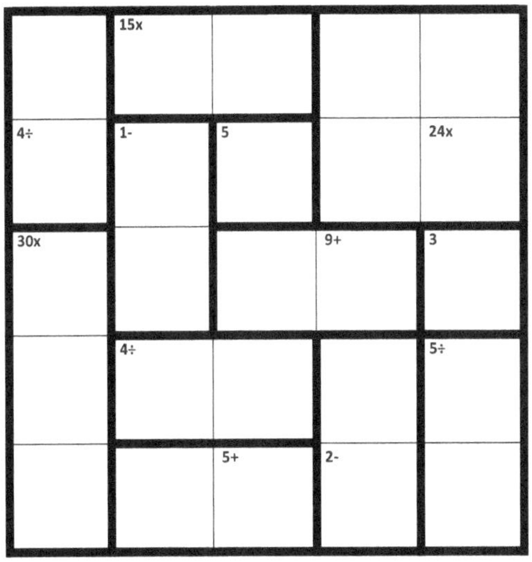

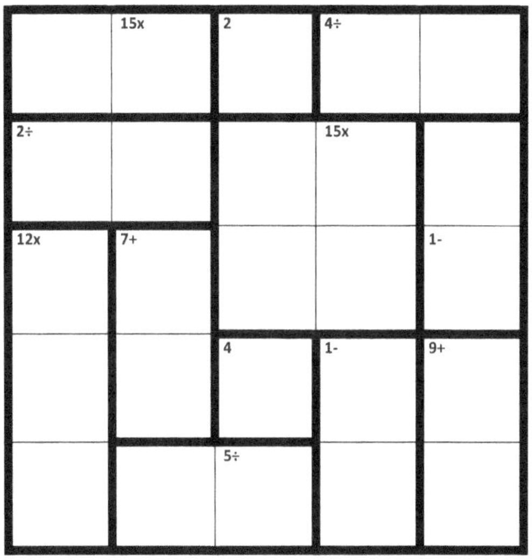

MEDIUM - 253

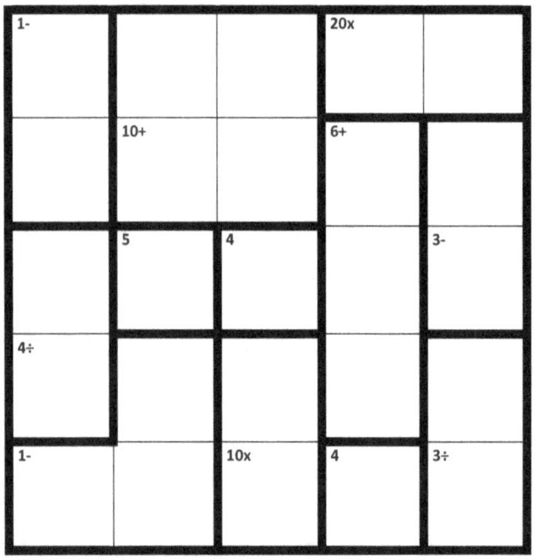

MEDIUM - 254

MEDIUM - 255

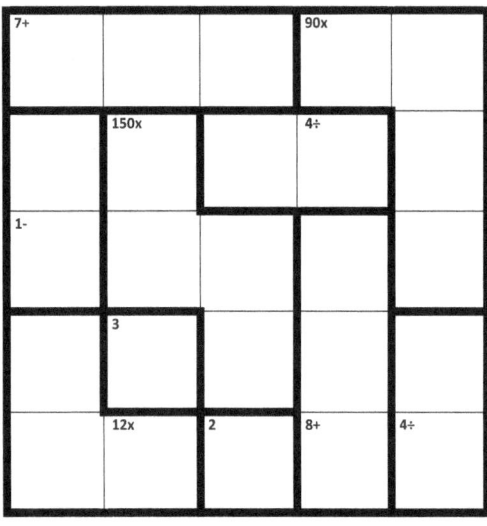

MEDIUM - 256

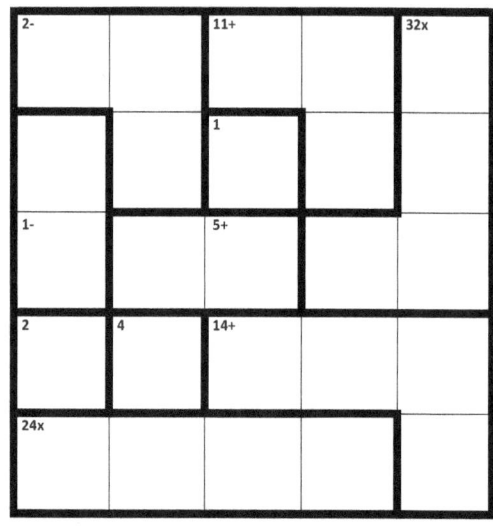

MEDIUM - 257

MEDIUM - 258

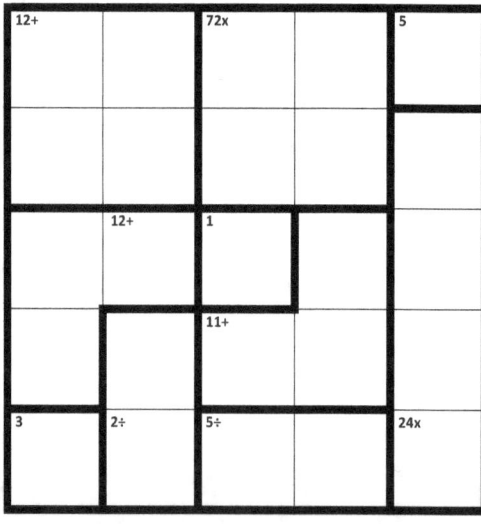

MEDIUM - 259

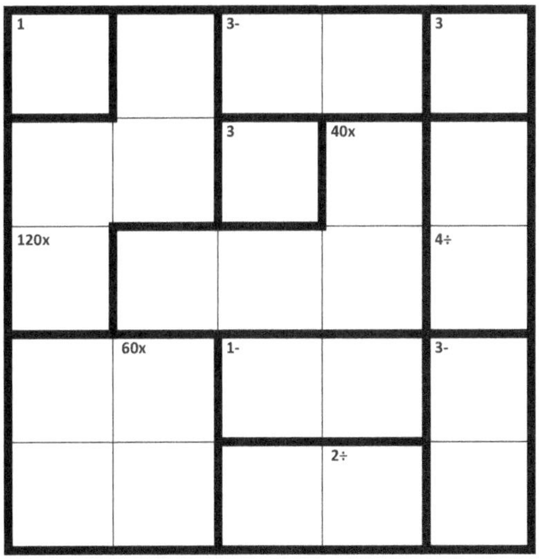

MEDIUM - 260

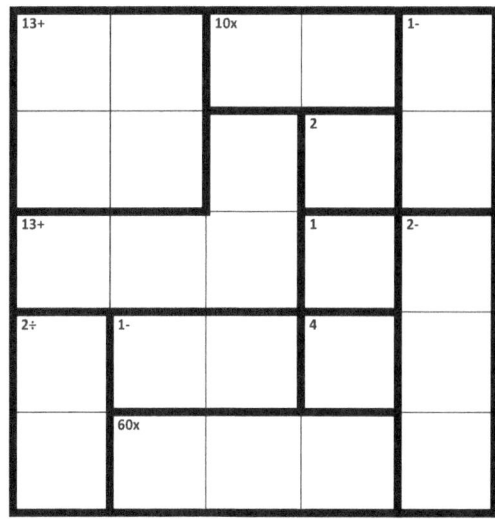

MEDIUM - 261

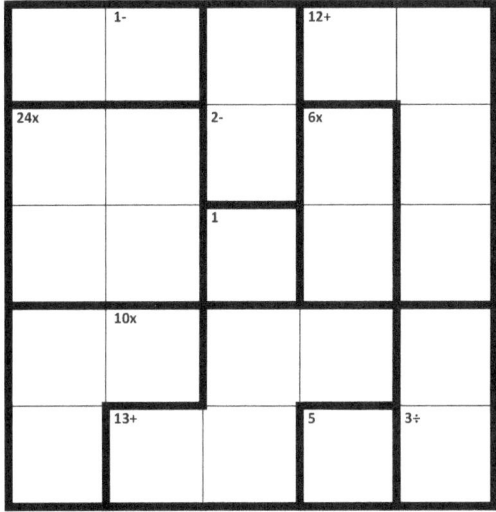

MEDIUM - 262

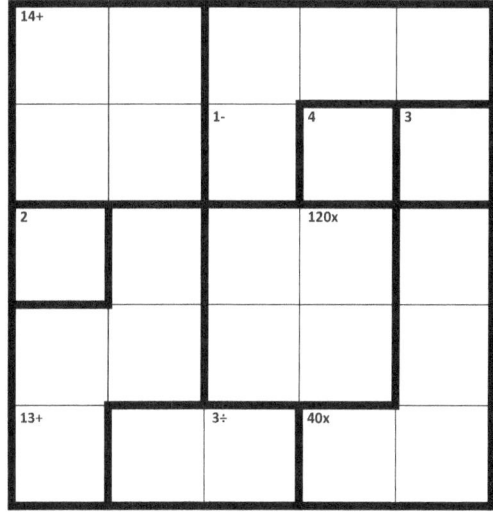

MEDIUM - 263

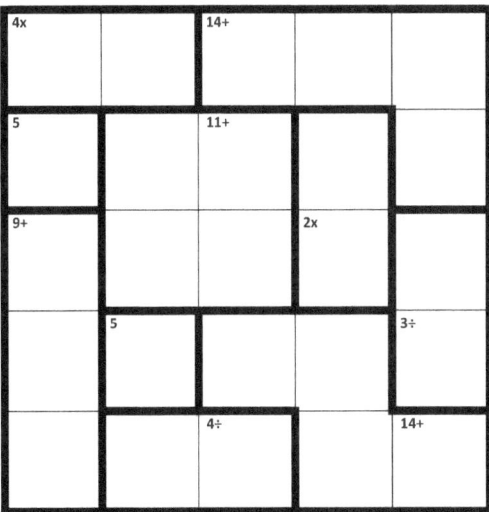

MEDIUM - 264

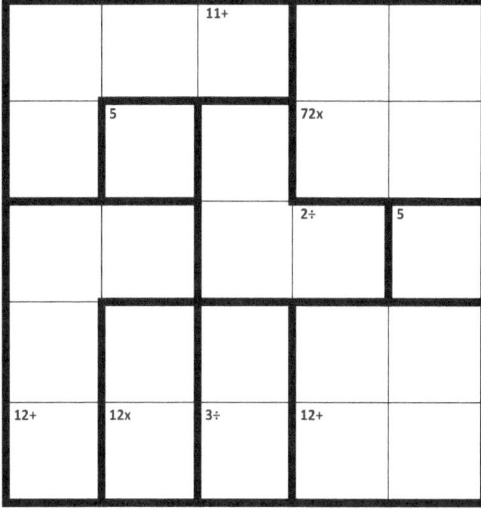

MEDIUM - 265

MEDIUM - 266
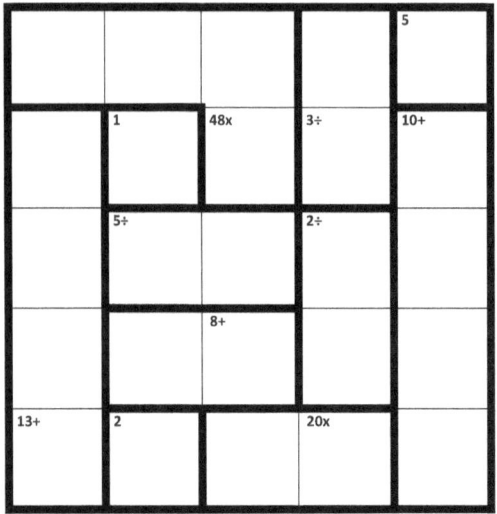
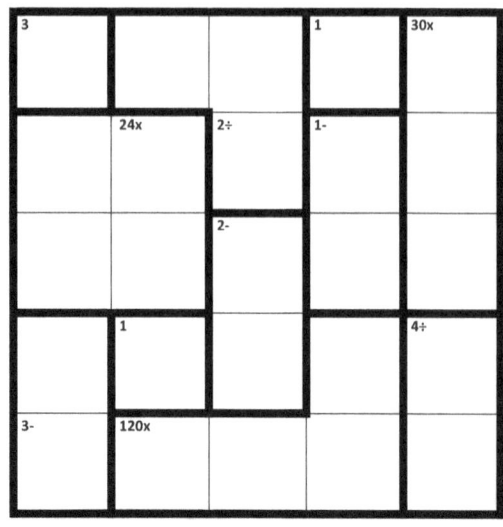

MEDIUM - 267

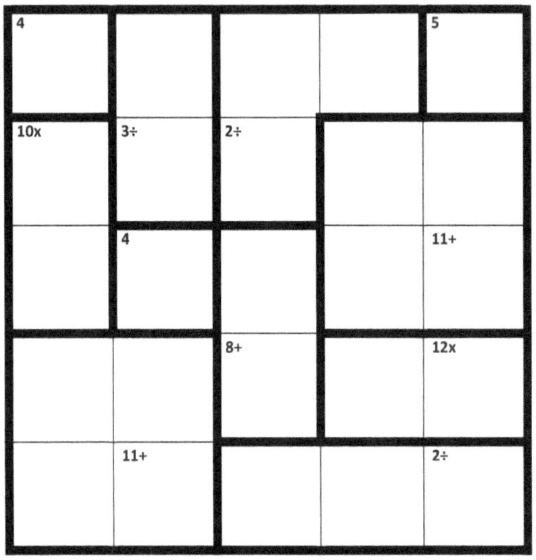

MEDIUM - 268
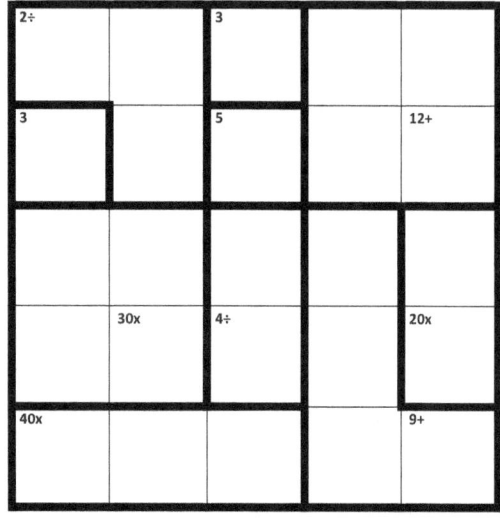

MEDIUM - 269

MEDIUM - 270
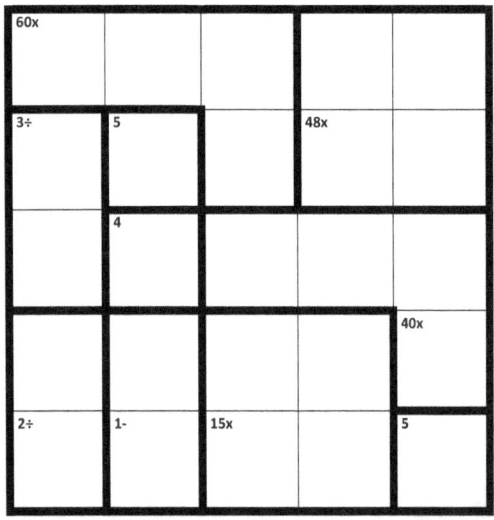
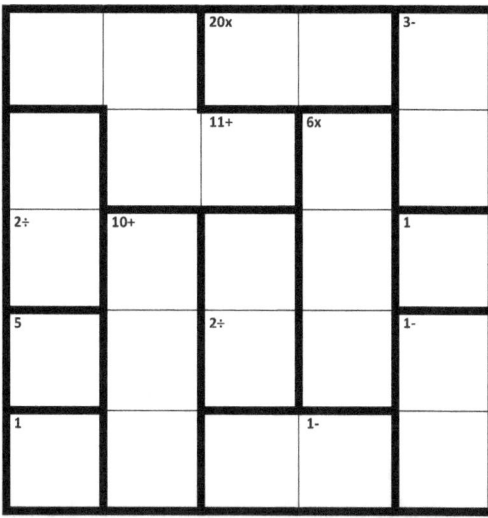

MEDIUM - 271

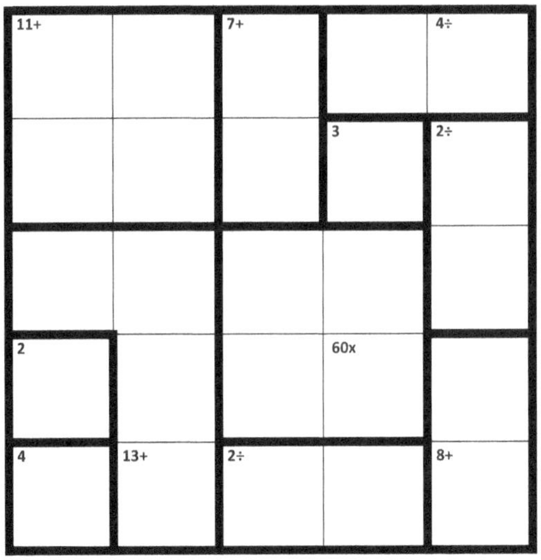

MEDIUM - 272

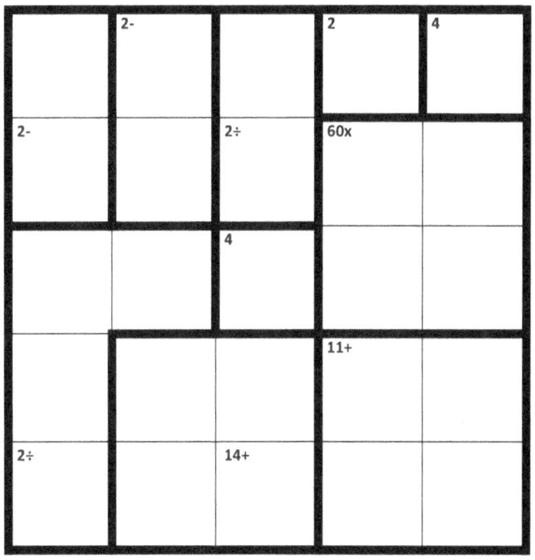

MEDIUM - 273

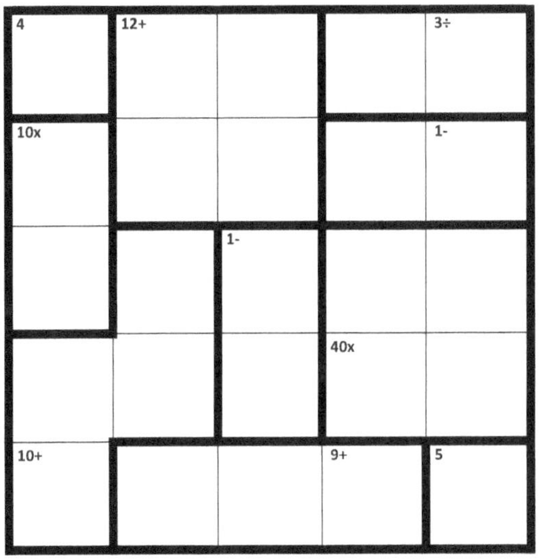

MEDIUM - 274

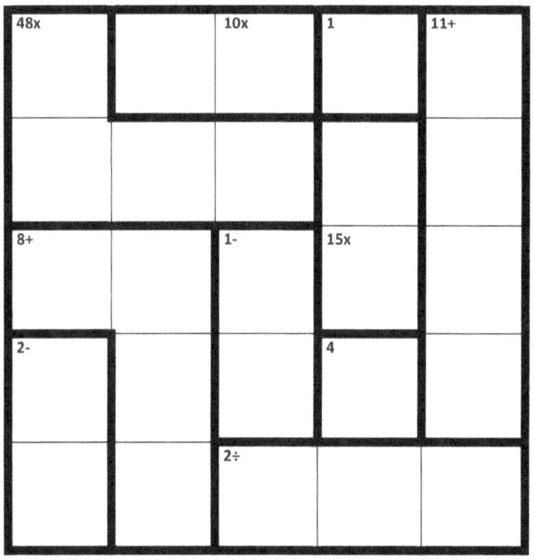

MEDIUM - 275

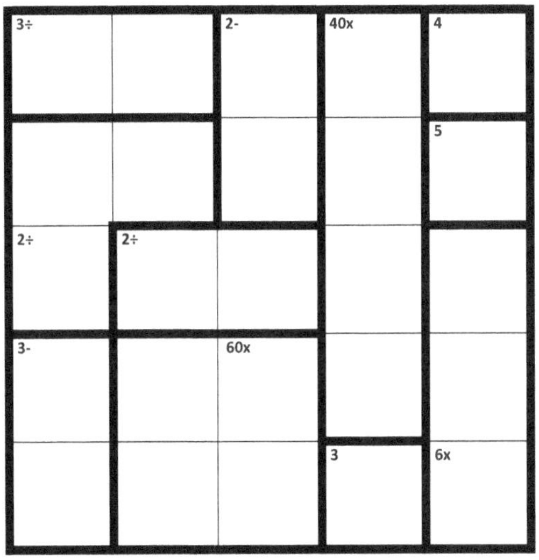

MEDIUM - 276

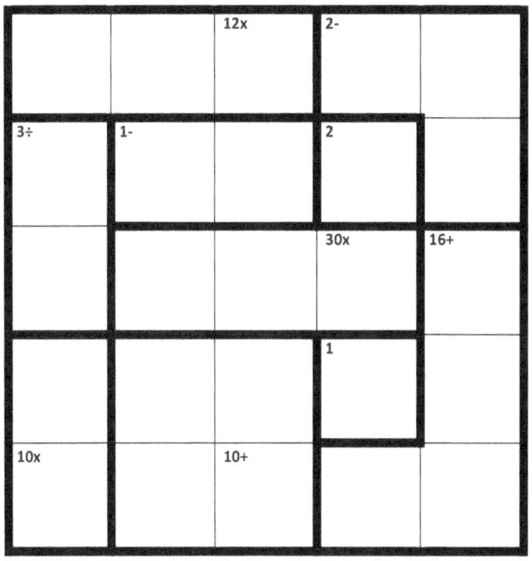

MEDIUM - 277

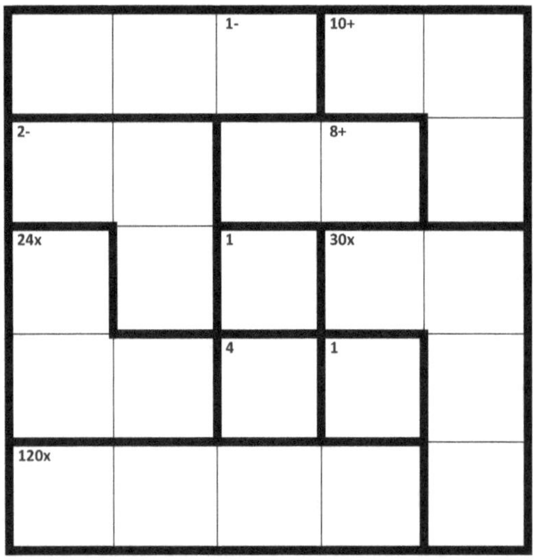

MEDIUM - 278

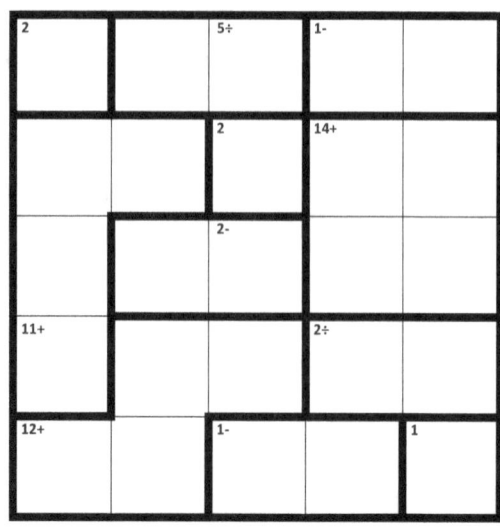

MEDIUM - 279

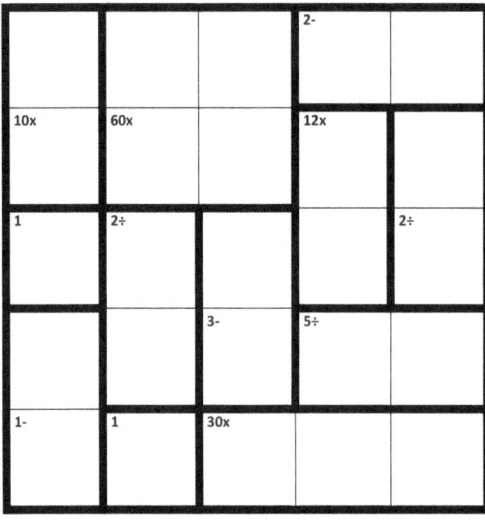

MEDIUM - 280

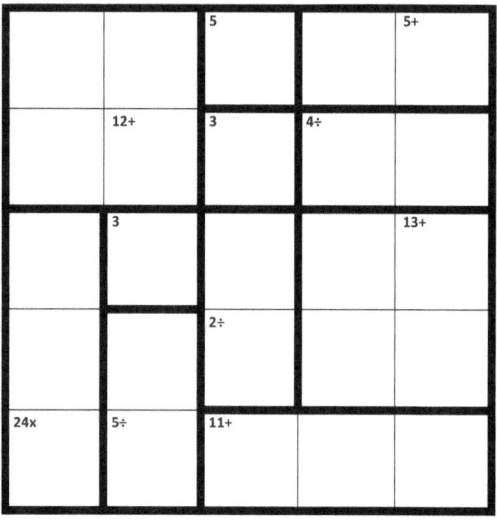

MEDIUM - 281

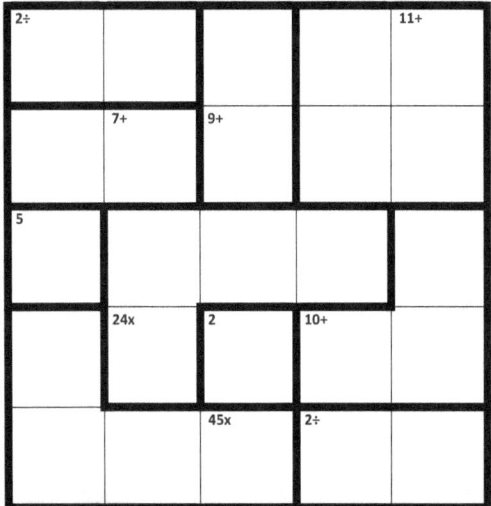

MEDIUM - 282

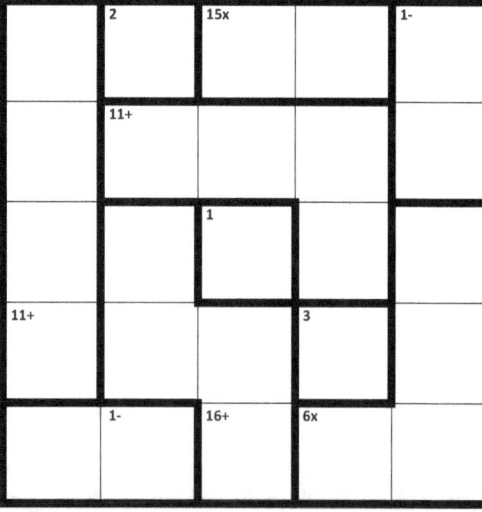

MEDIUM - 283

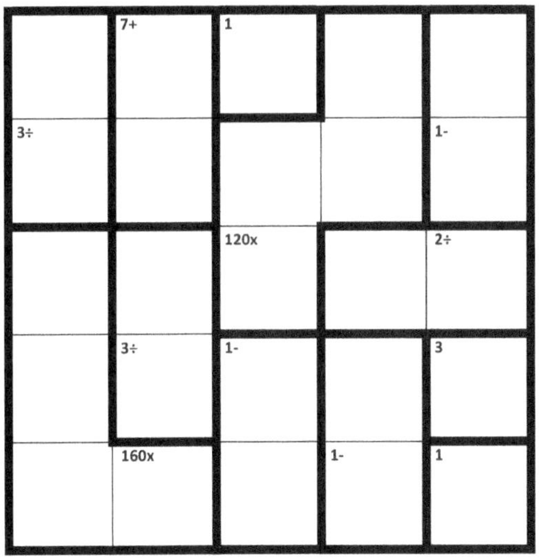

MEDIUM - 284

MEDIUM - 285

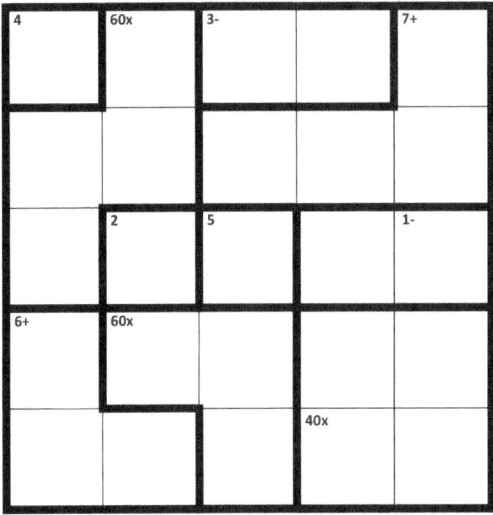

MEDIUM - 286

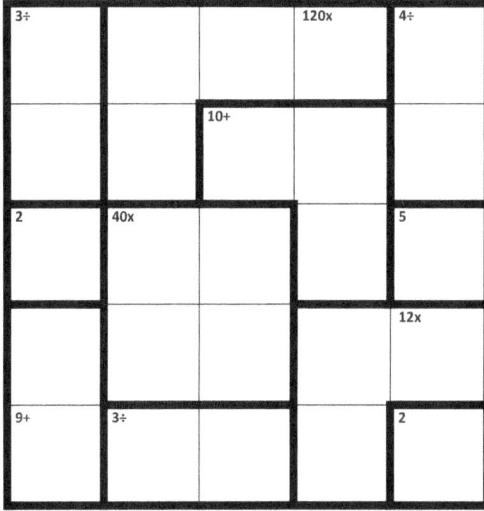

MEDIUM - 287

MEDIUM - 288

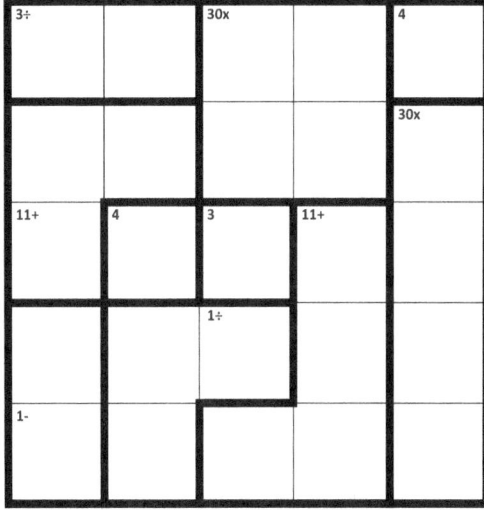

MEDIUM - 289

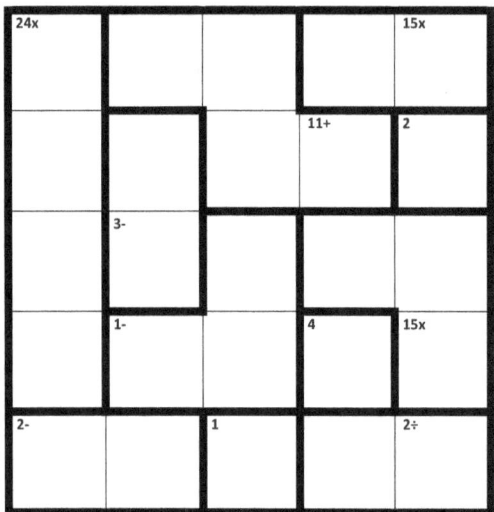

MEDIUM - 290

MEDIUM - 291

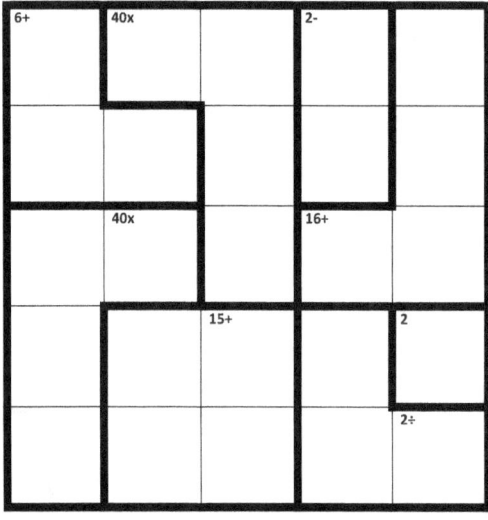

MEDIUM - 292

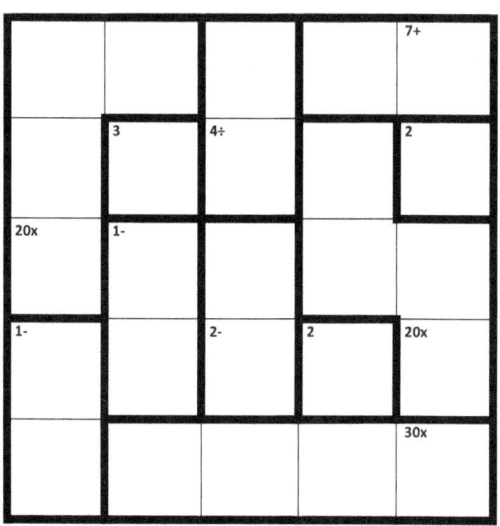

MEDIUM - 293

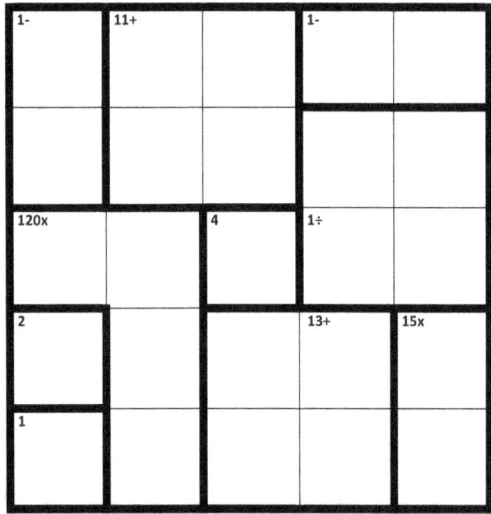

MEDIUM - 294

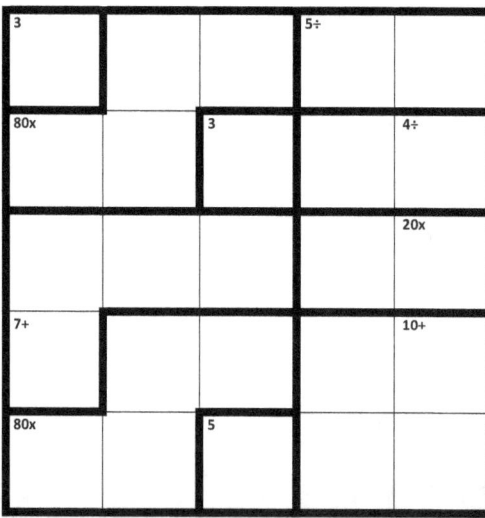

MEDIUM - 295

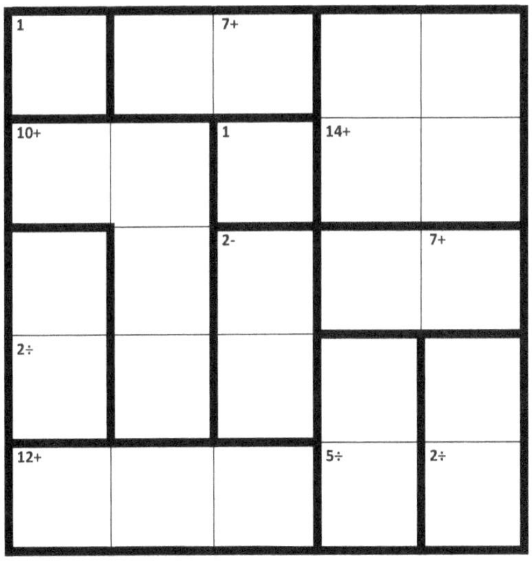

MEDIUM - 296
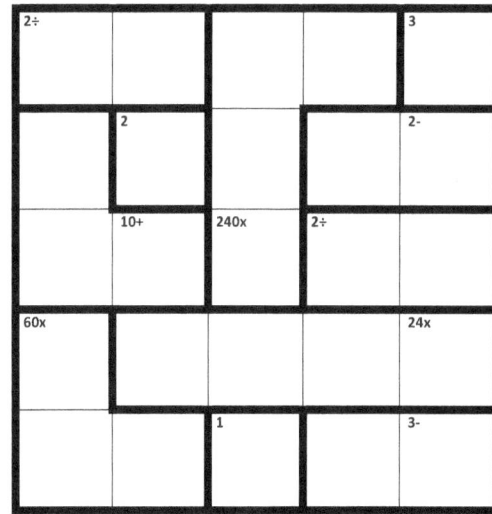

MEDIUM - 297

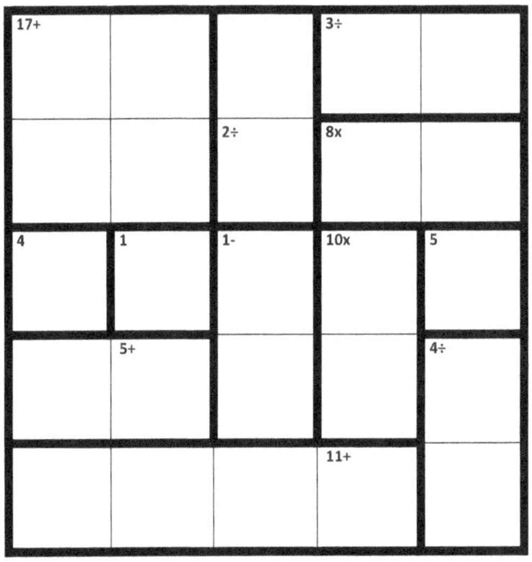

MEDIUM - 298
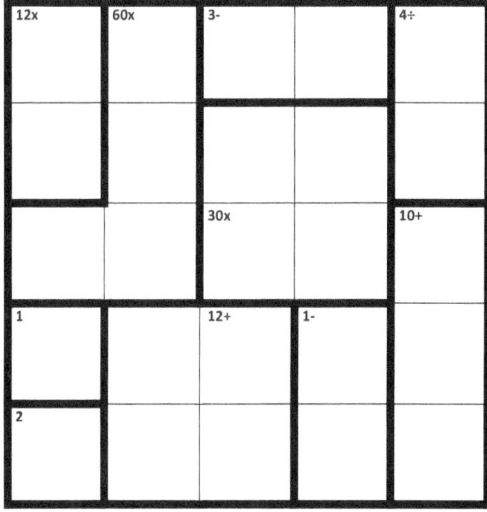

MEDIUM - 299

MEDIUM - 300
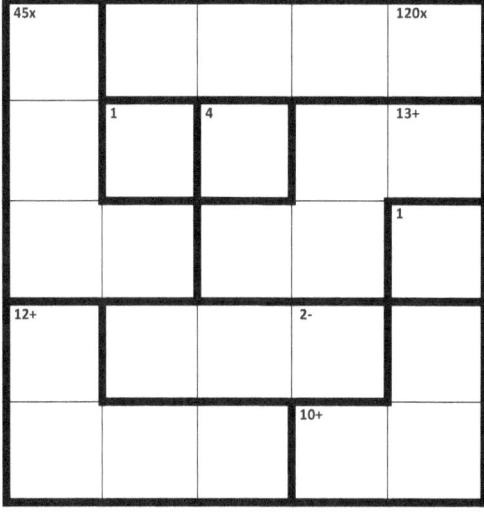

MEDIUM - 301

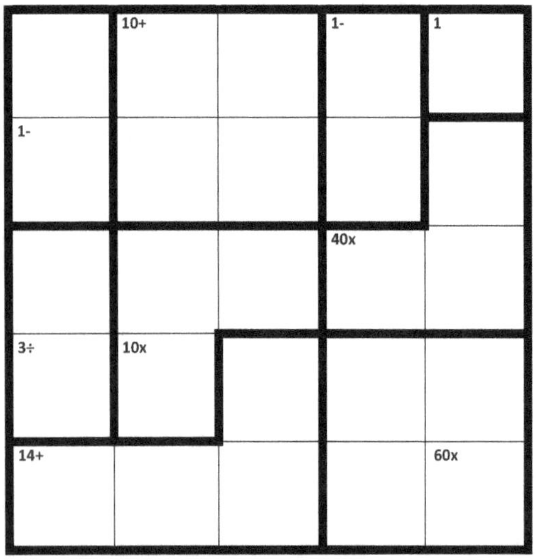

MEDIUM - 302

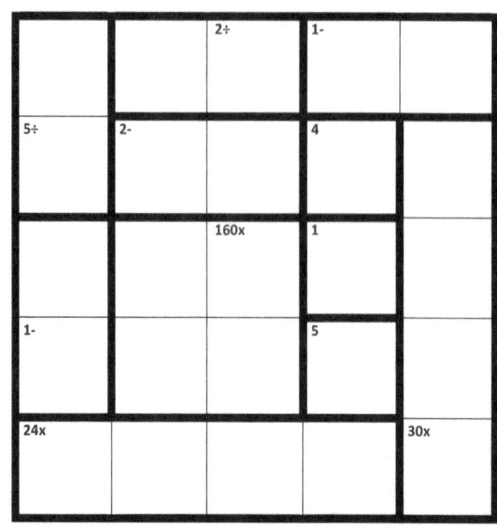

MEDIUM - 303

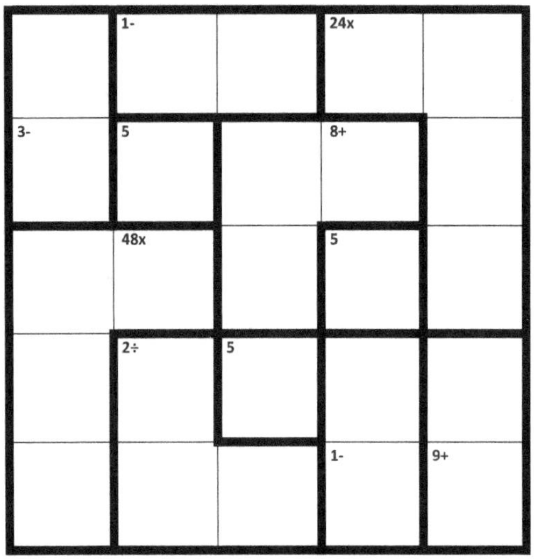

MEDIUM - 304

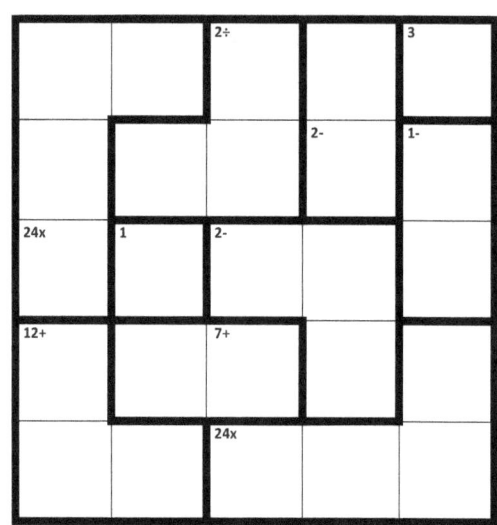

MEDIUM - 305

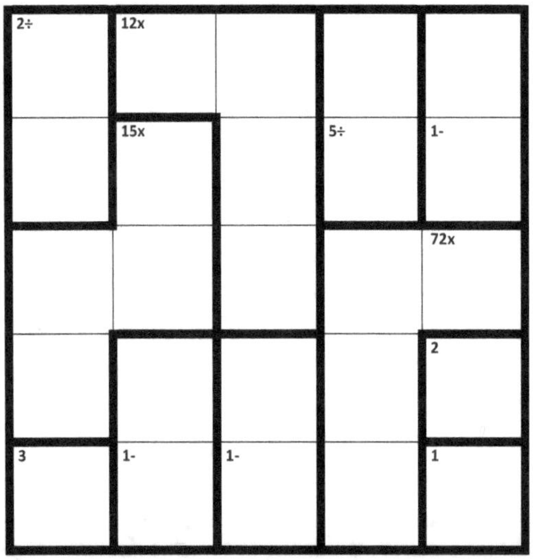

MEDIUM - 306

MEDIUM - 307

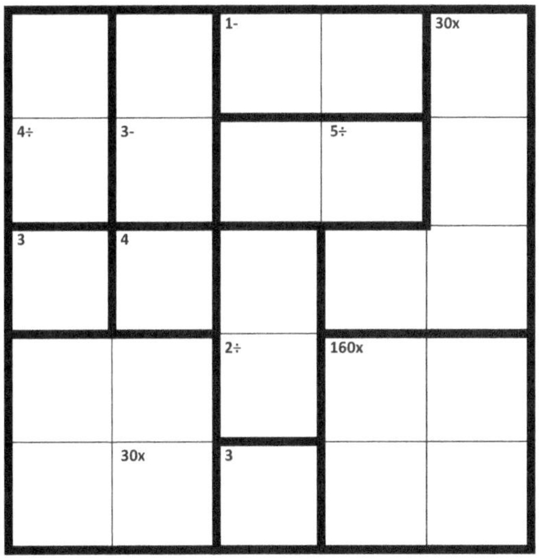

MEDIUM - 308

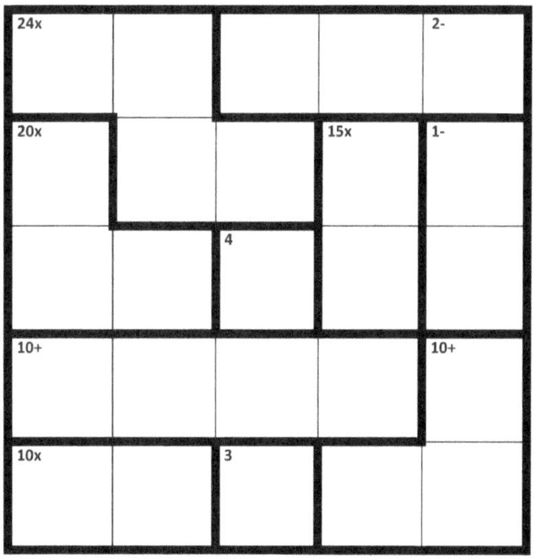

MEDIUM - 309

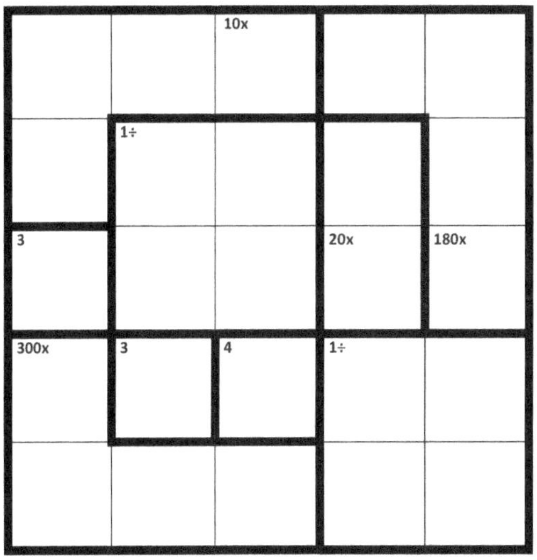

MEDIUM - 310

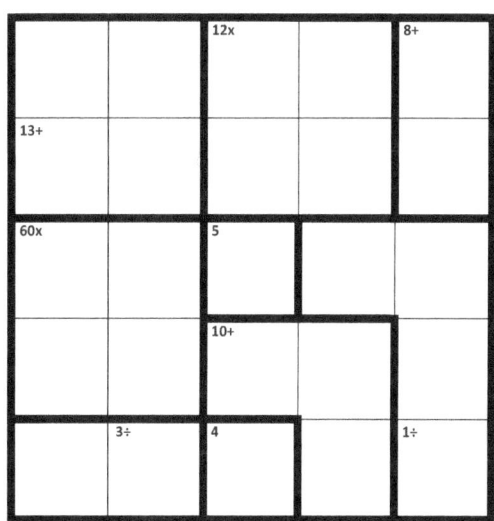

MEDIUM - 311

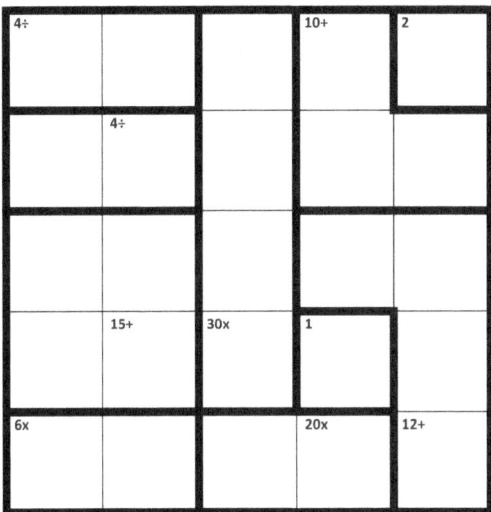

MEDIUM - 312

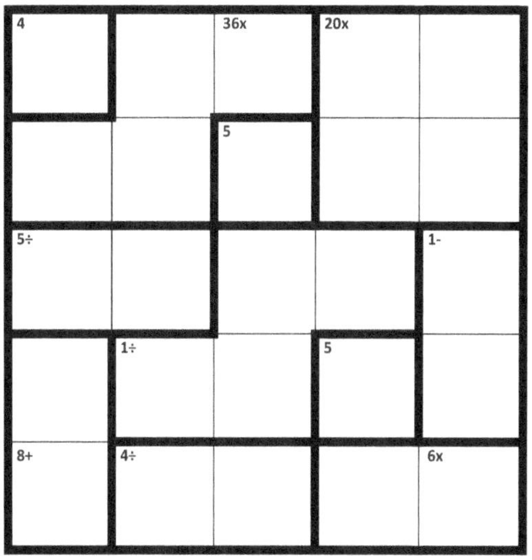

MEDIUM - 313

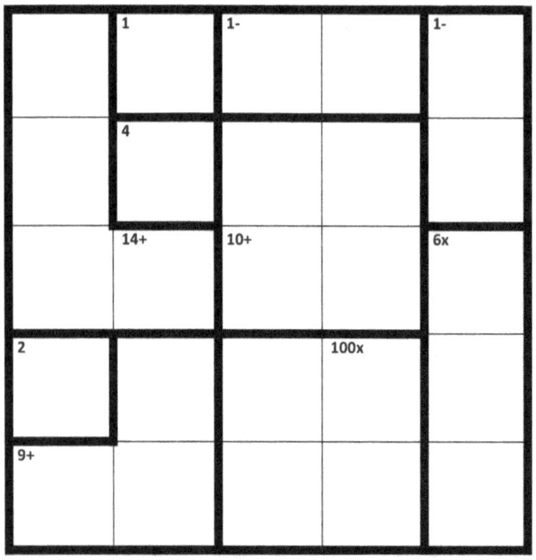

MEDIUM - 314

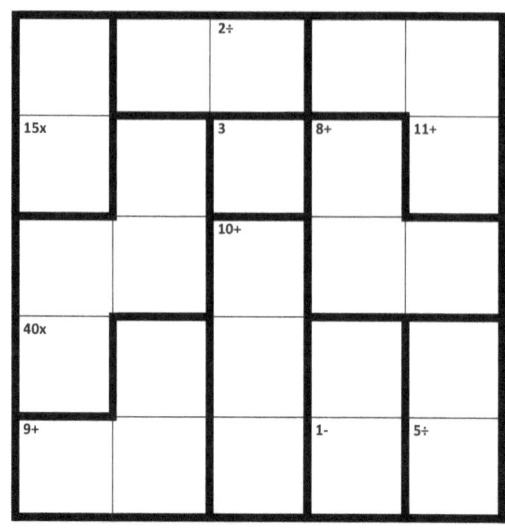

MEDIUM - 315

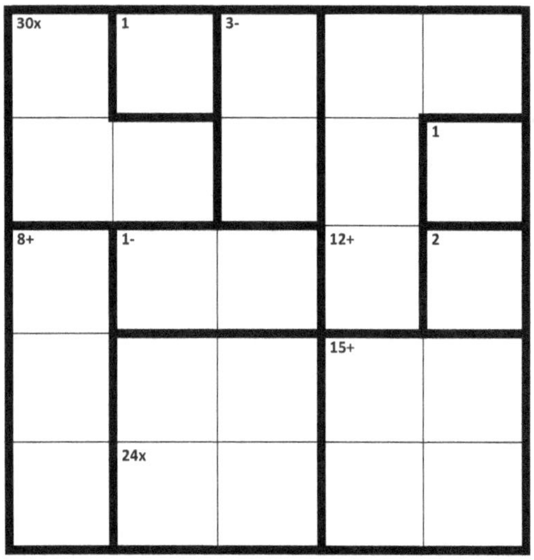

MEDIUM - 316

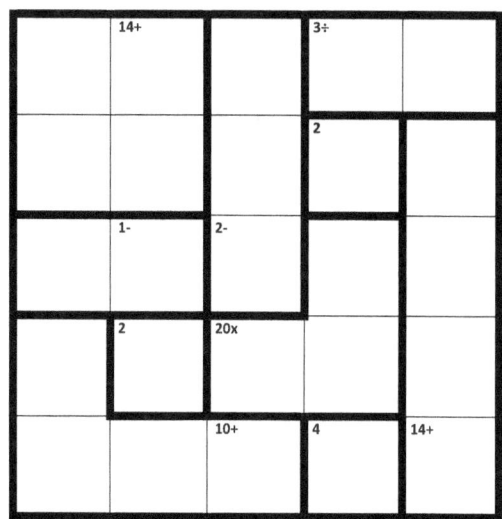

MEDIUM - 317

MEDIUM - 318

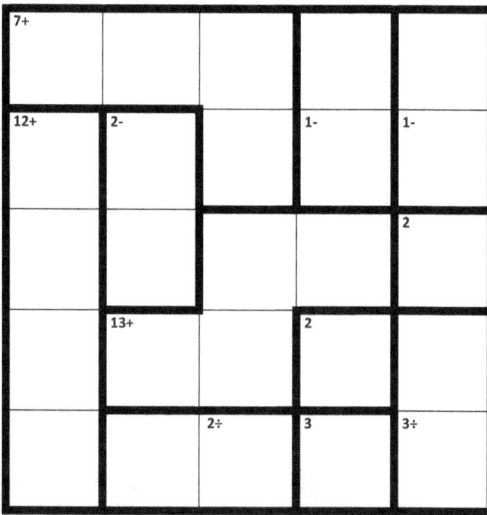

MEDIUM - 319

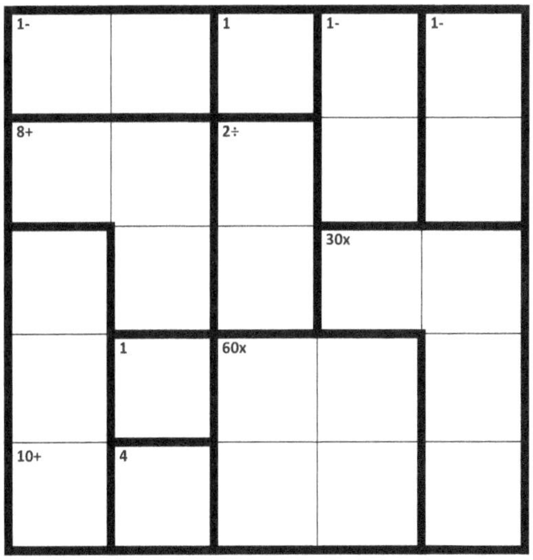

MEDIUM - 320

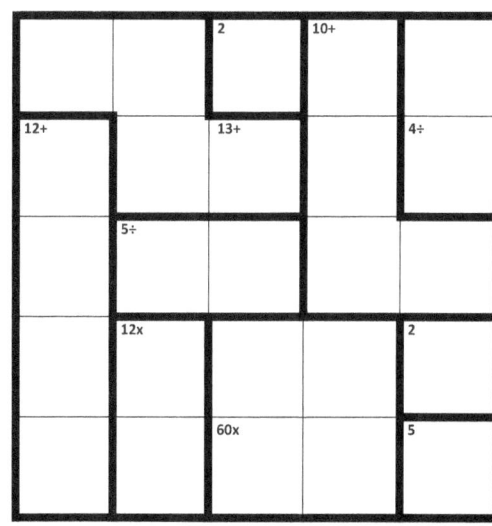

MEDIUM - 321

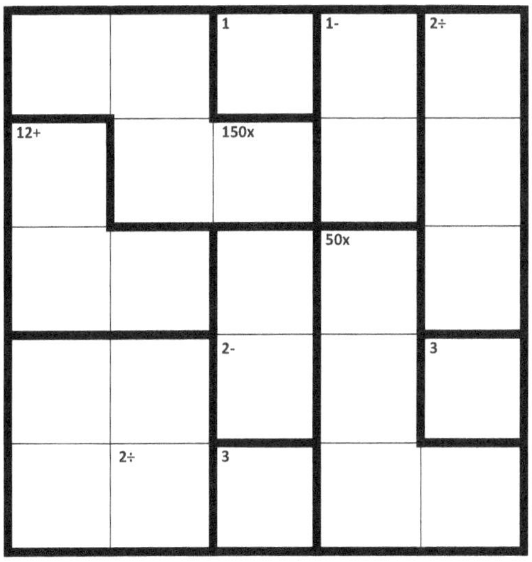

MEDIUM - 322

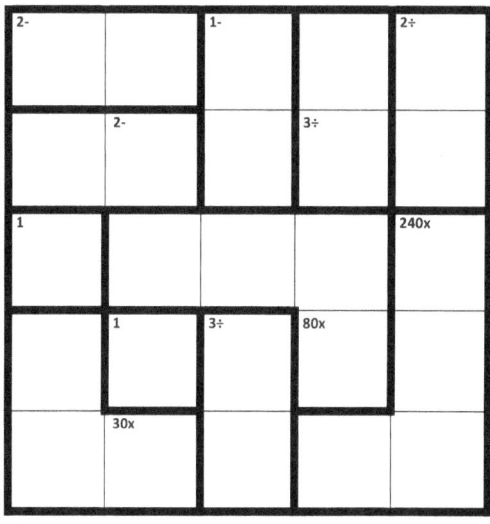

MEDIUM - 323

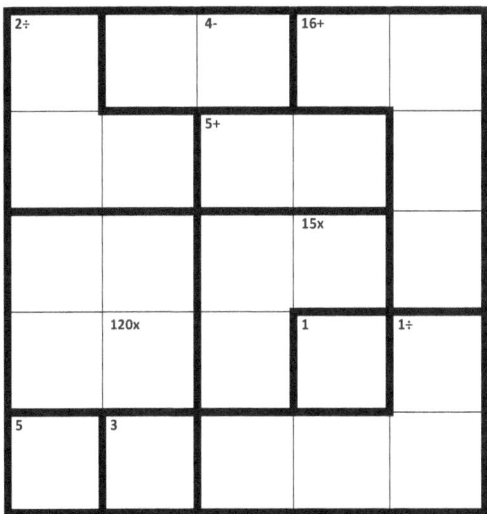

MEDIUM - 324

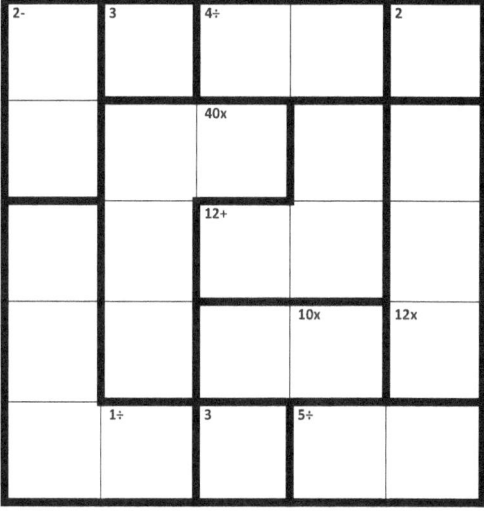

MEDIUM - 325

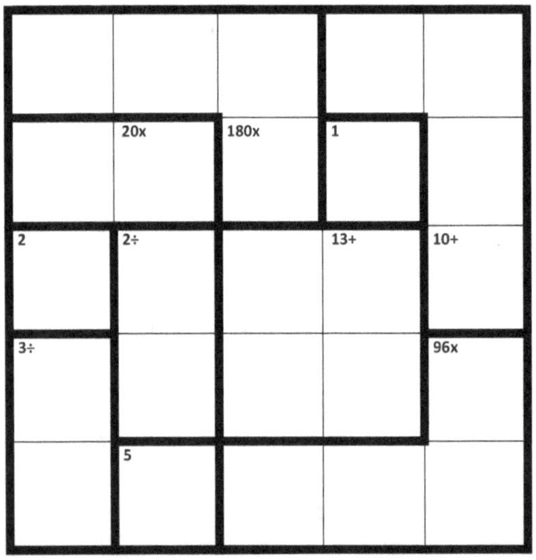

MEDIUM - 326

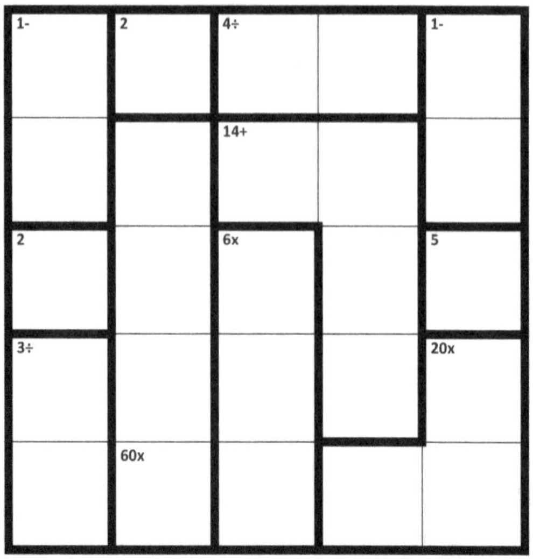

MEDIUM - 327

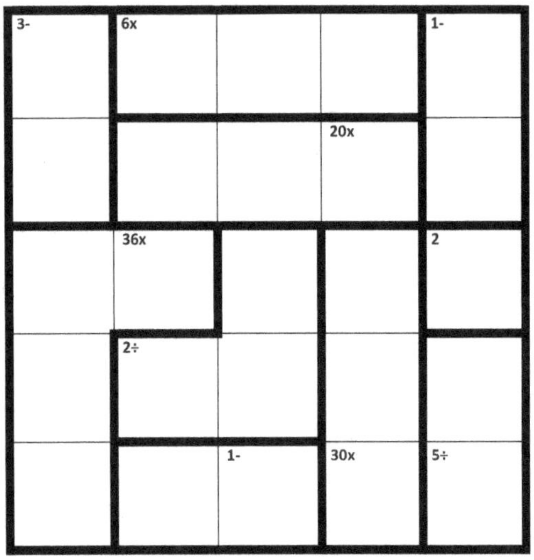

MEDIUM - 328

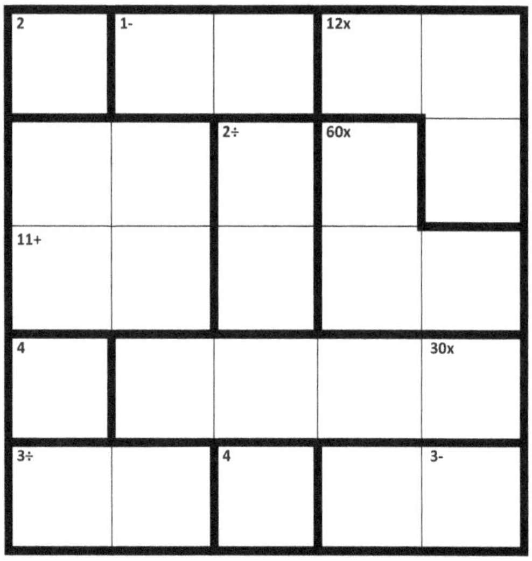

MEDIUM - 329

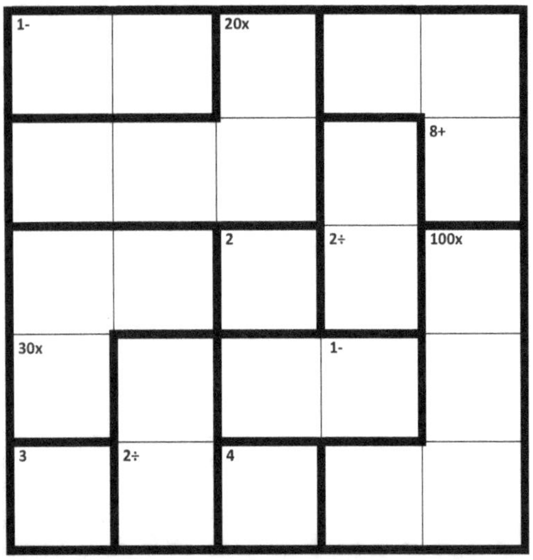

MEDIUM - 330

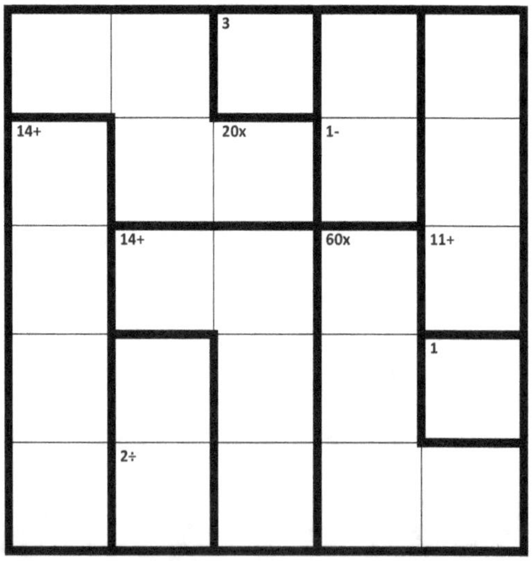

MEDIUM - 331

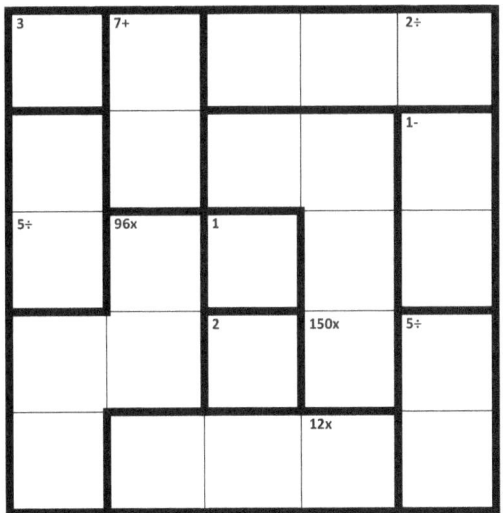

MEDIUM - 332

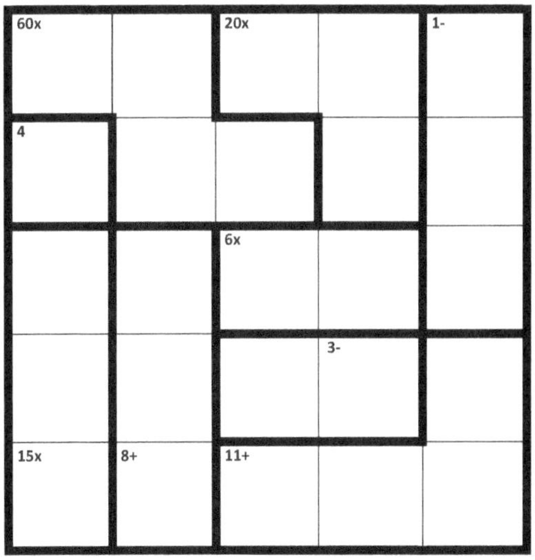

MEDIUM - 333

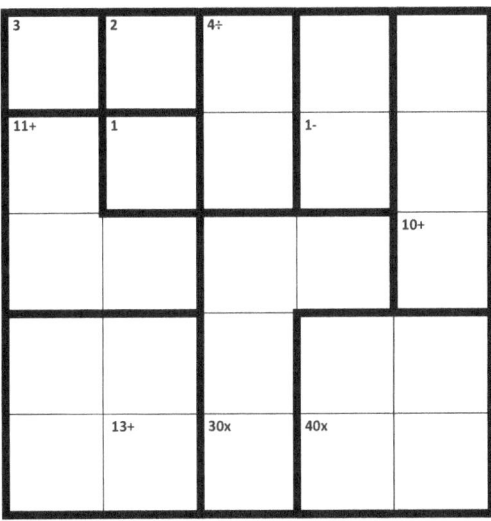

MEDIUM - 334

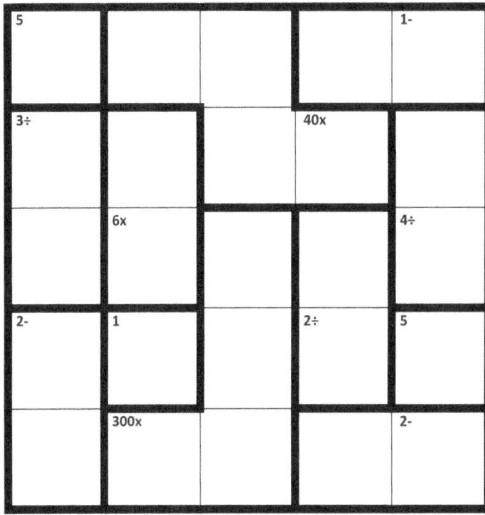

MEDIUM - 335

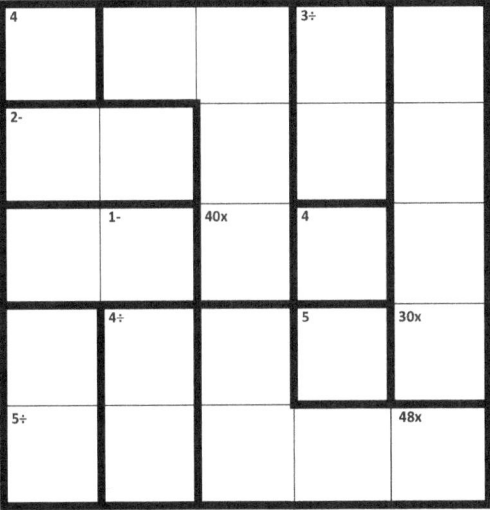

MEDIUM - 336

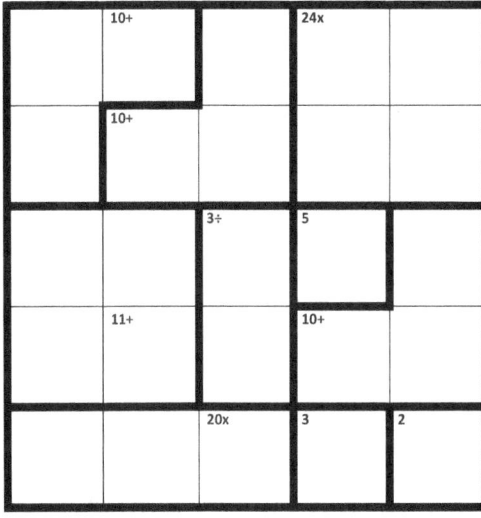

HARD - 337

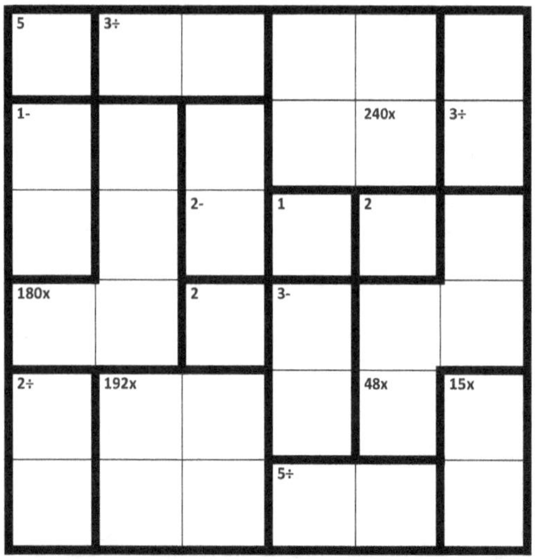

HARD - 338

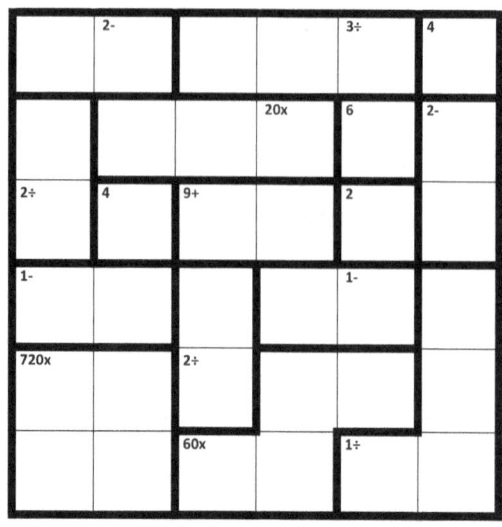

HARD - 339

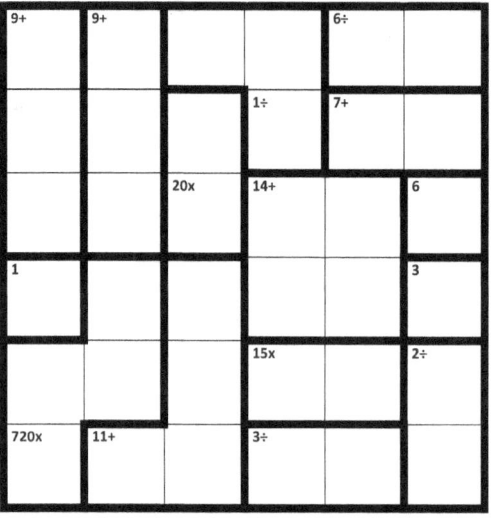

HARD - 340

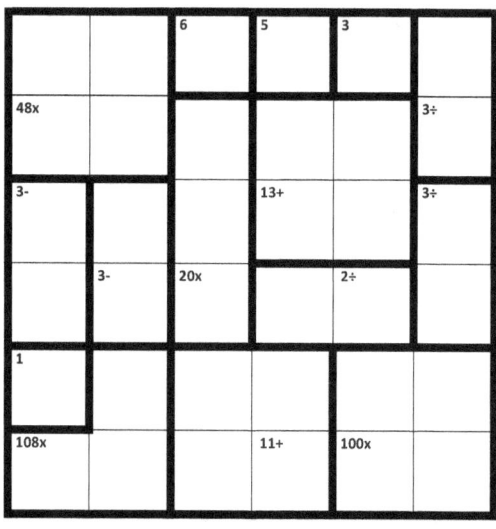

HARD - 341

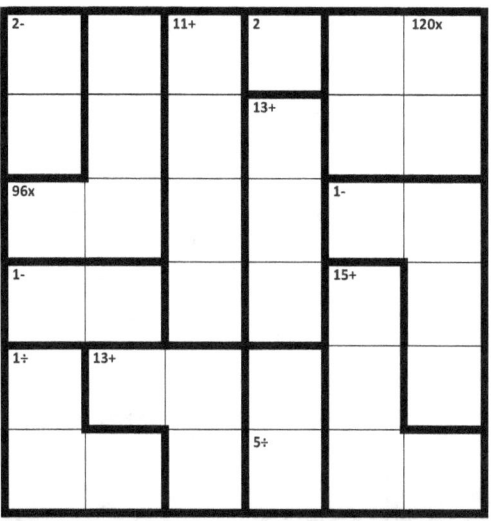

HARD - 342

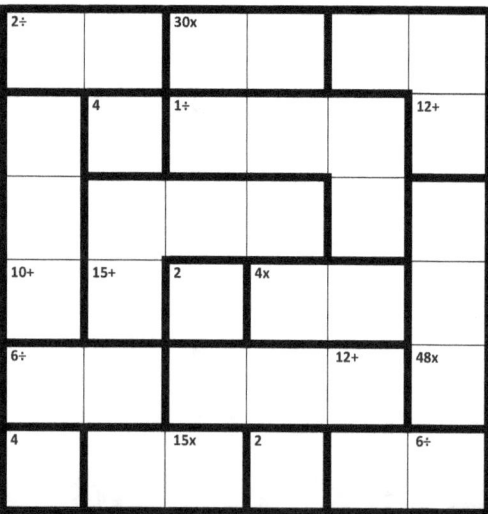

HARD - 343

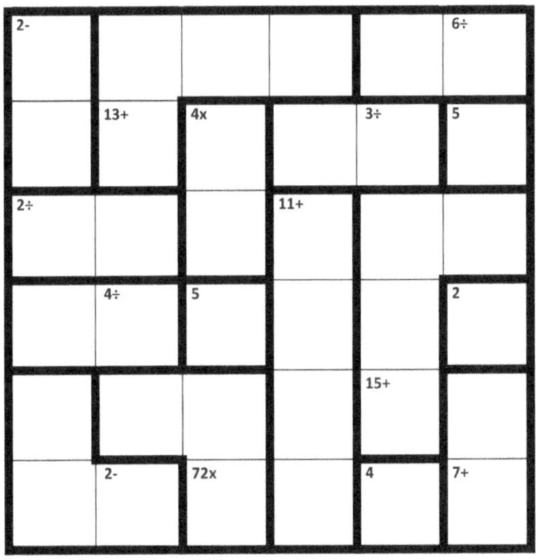

HARD - 344

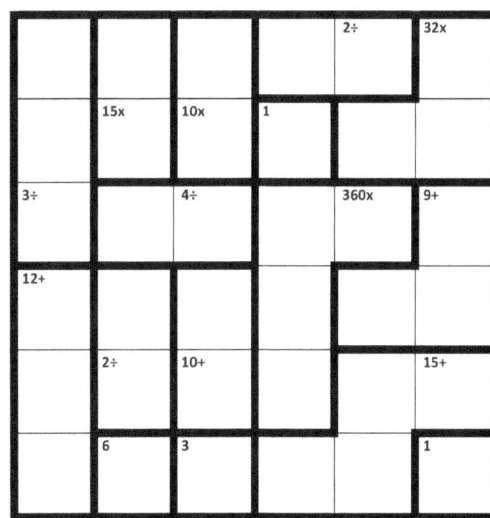

HARD - 345

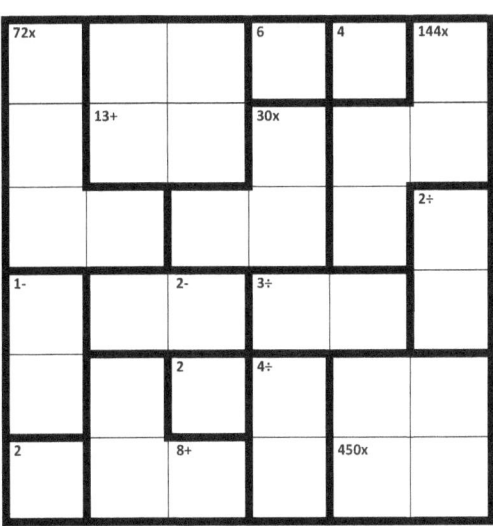

HARD - 346

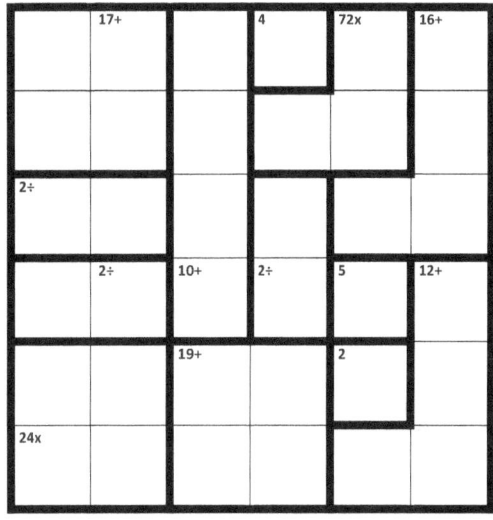

HARD - 347

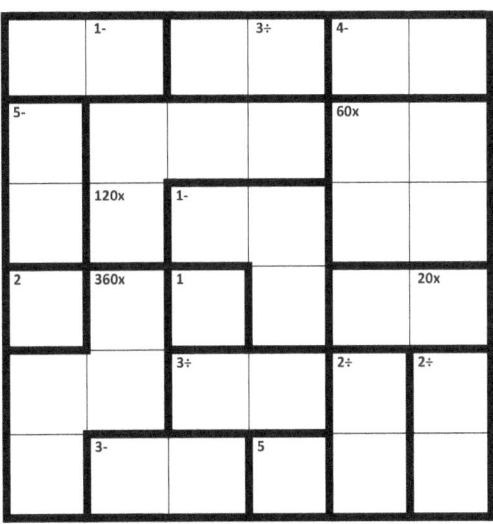

HARD - 348

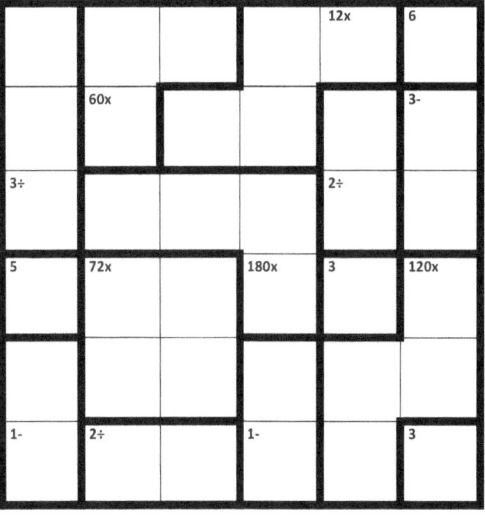

HARD - 349

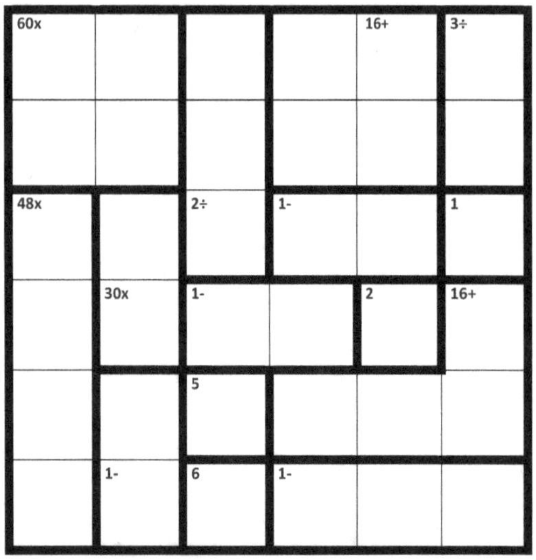

HARD - 350

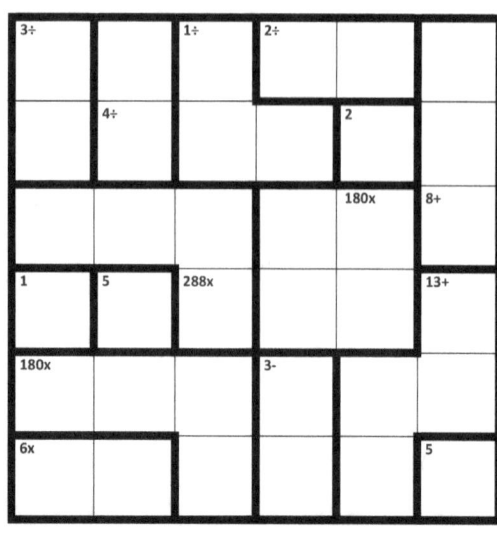

HARD - 351

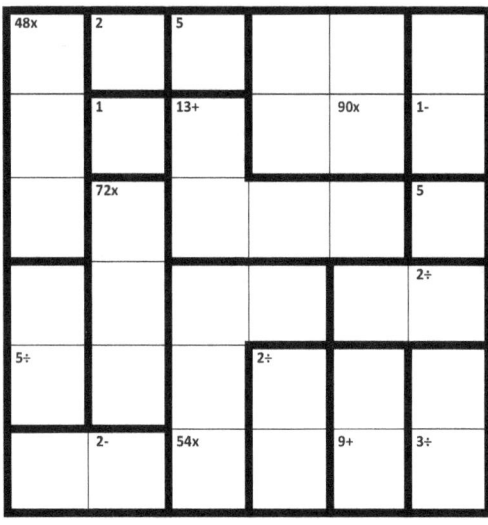

HARD - 352

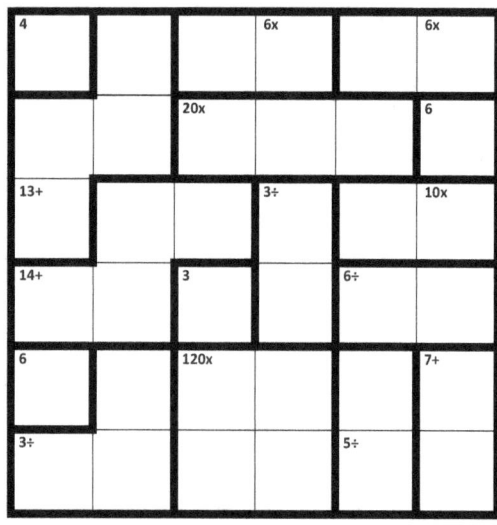

HARD - 353

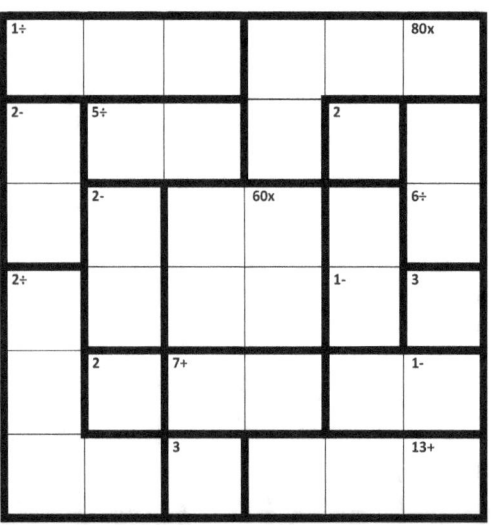

HARD - 354

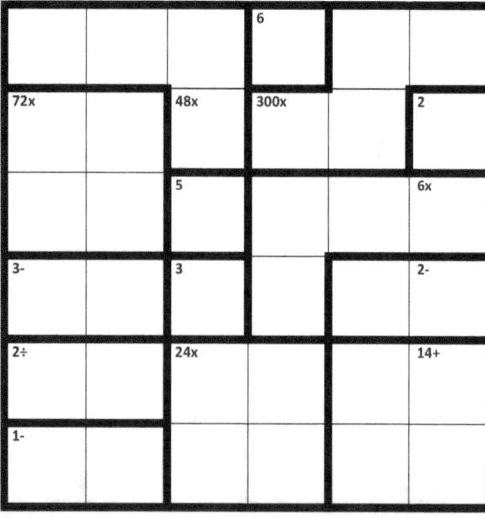

HARD - 355

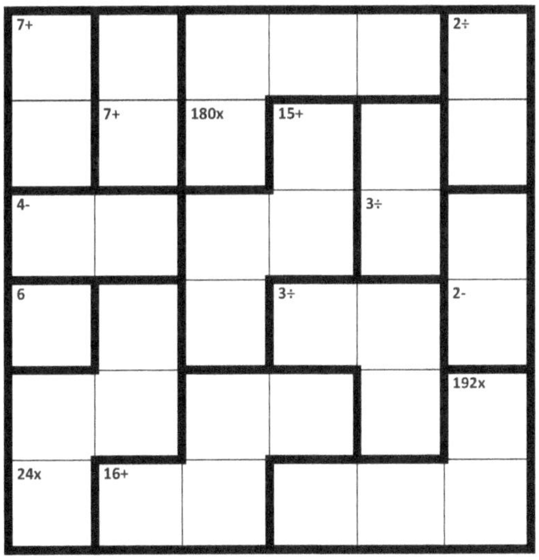

HARD - 356
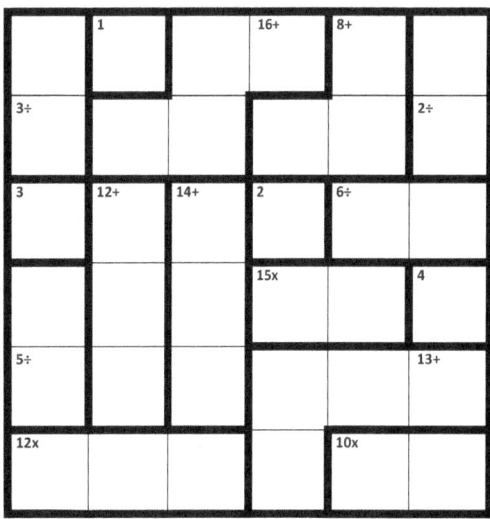

HARD - 357
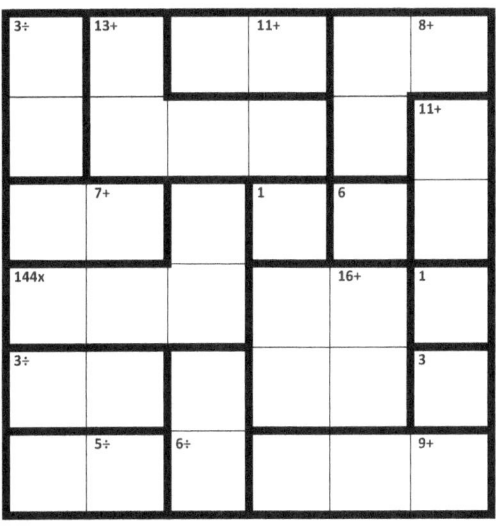

HARD - 358
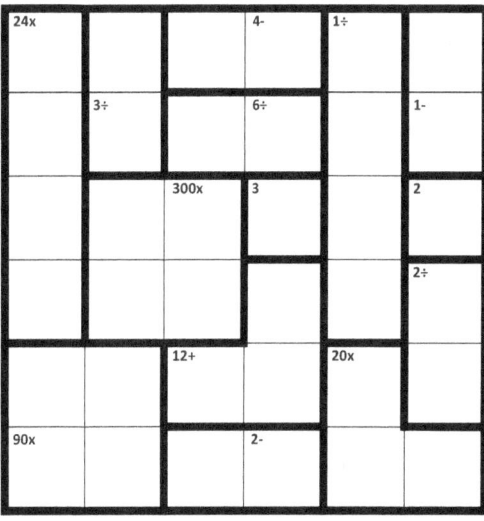

HARD - 359
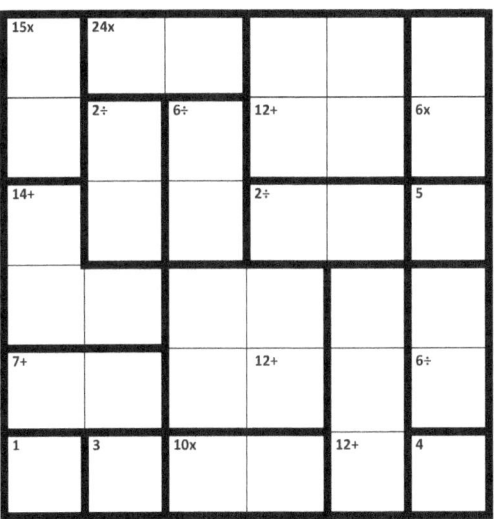

HARD - 360

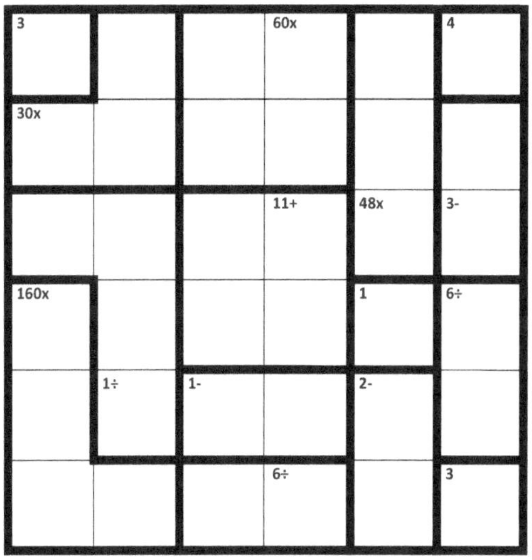

HARD - 361

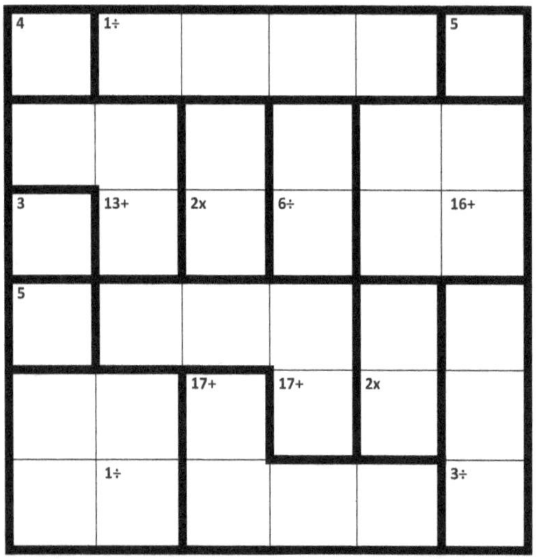

HARD - 362

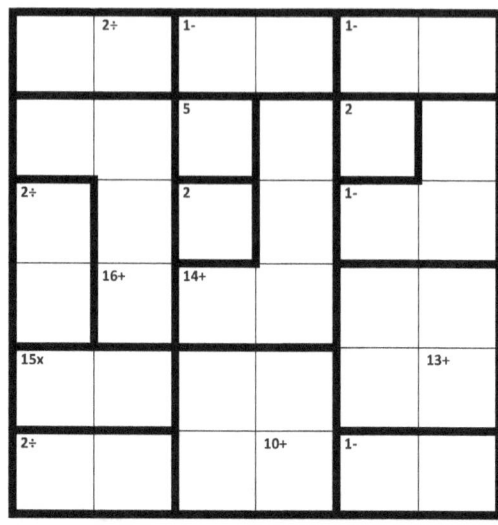

HARD - 363

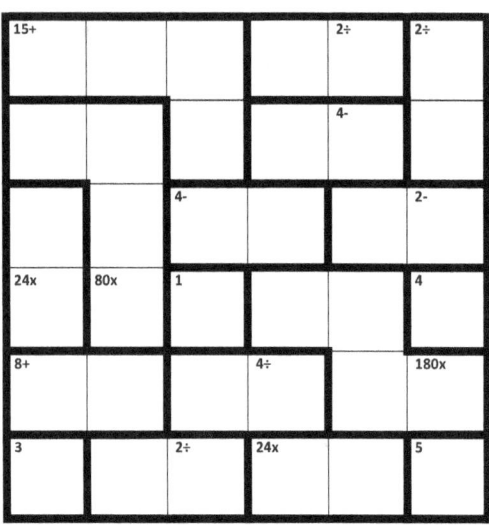

HARD - 364

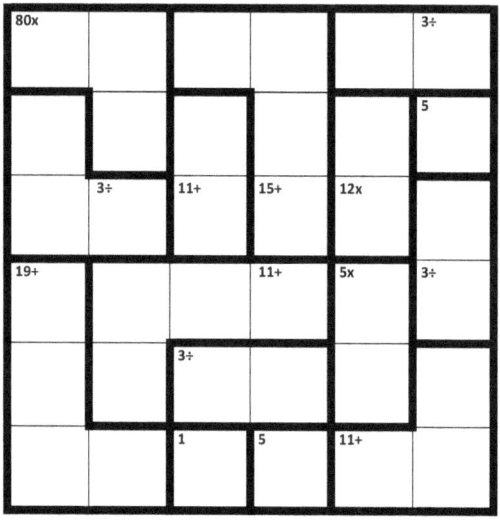

HARD - 365

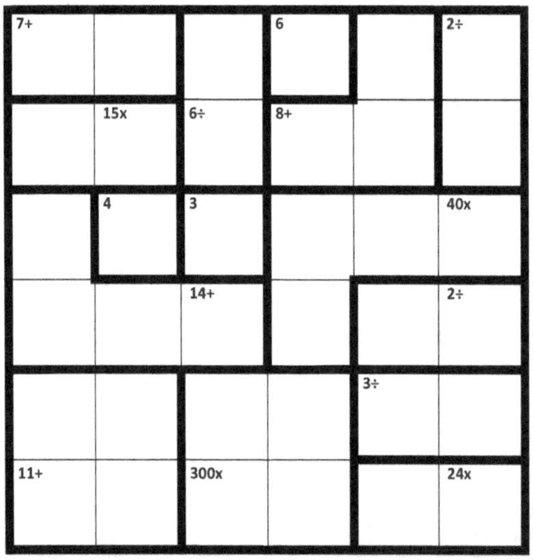

HARD - 366

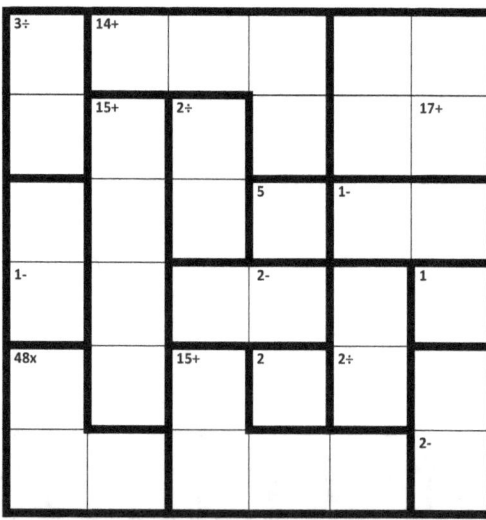

HARD - 367

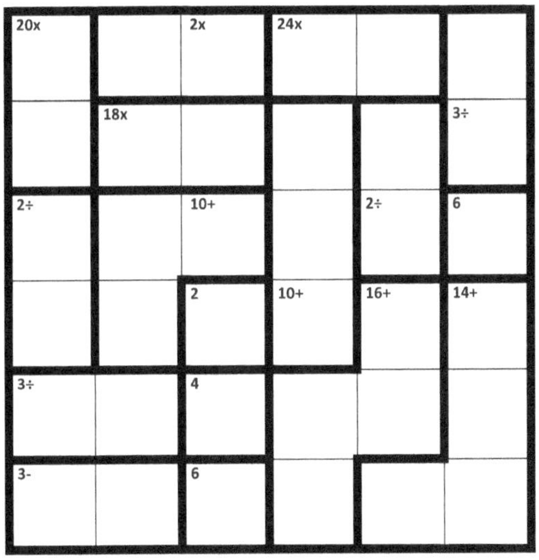

HARD - 368

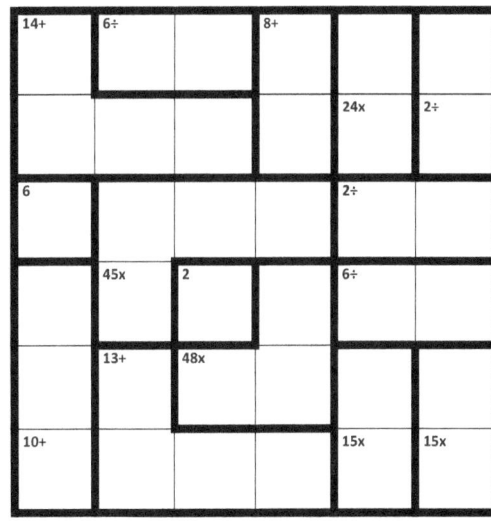

HARD - 369

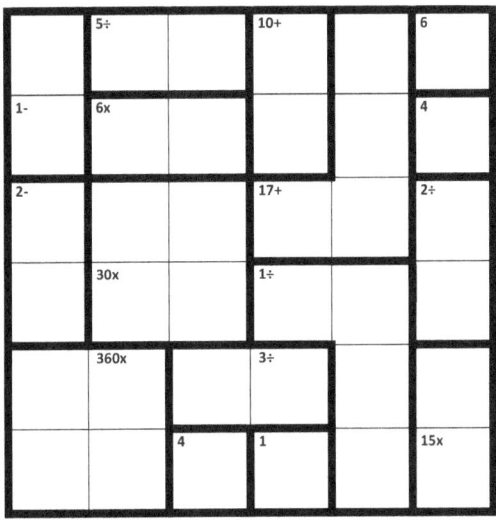

HARD - 370

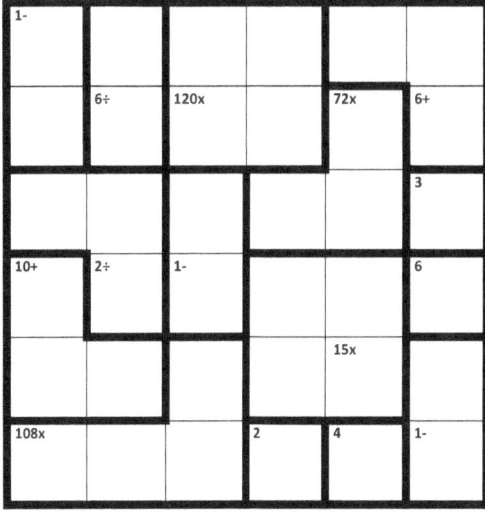

HARD - 371

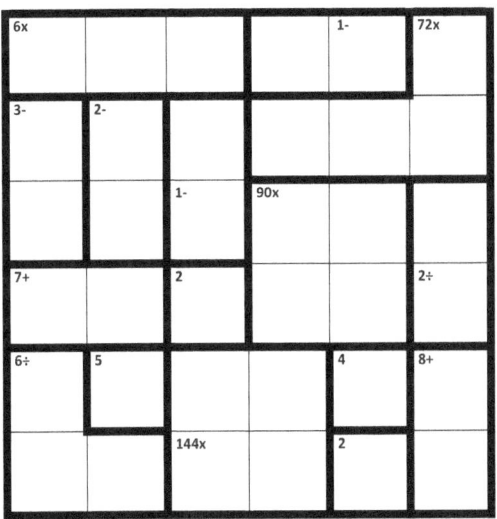

HARD - 372

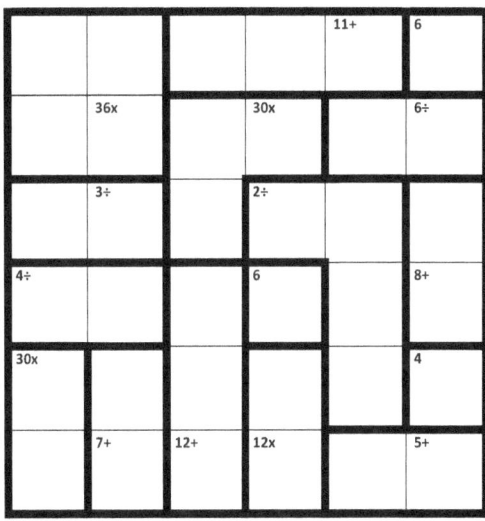

HARD - 373

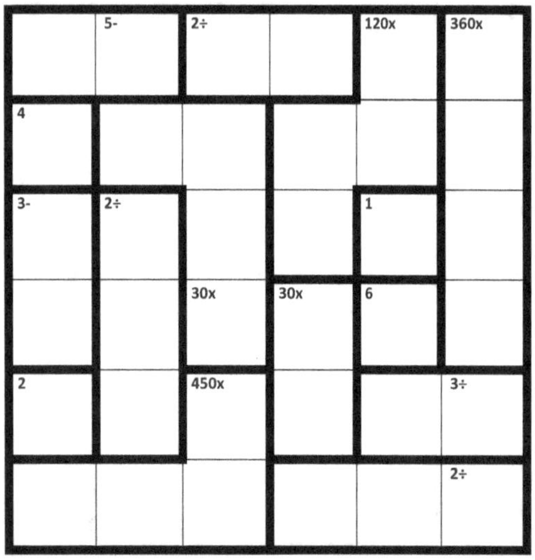

HARD - 374

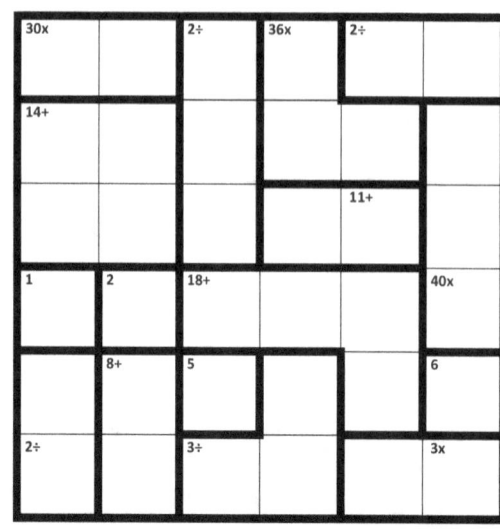

HARD - 375

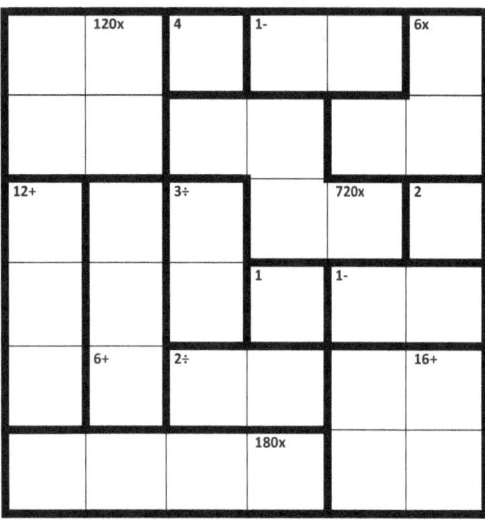

HARD - 376

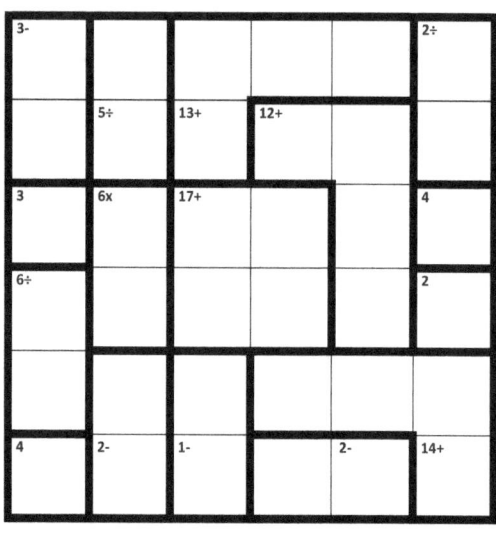

HARD - 377

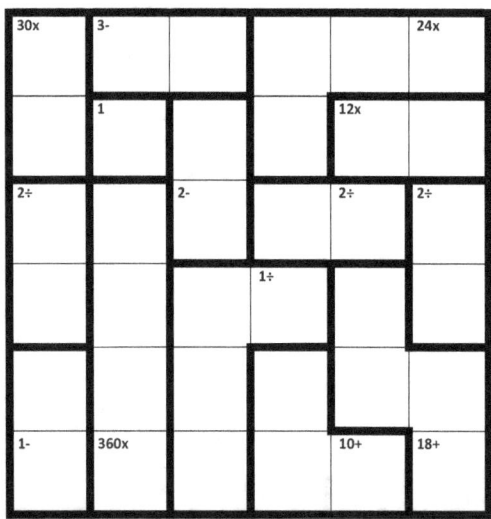

HARD - 378

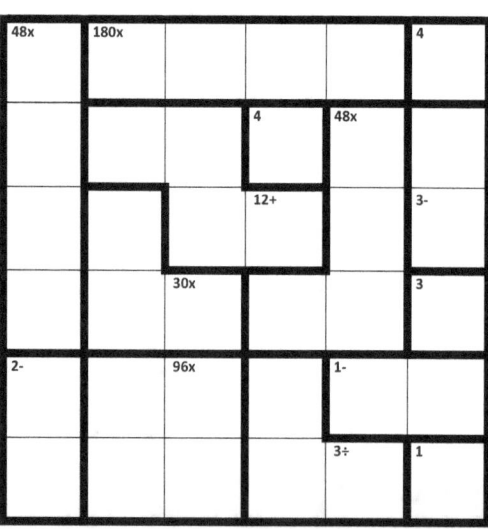

HARD - 379

HARD - 380

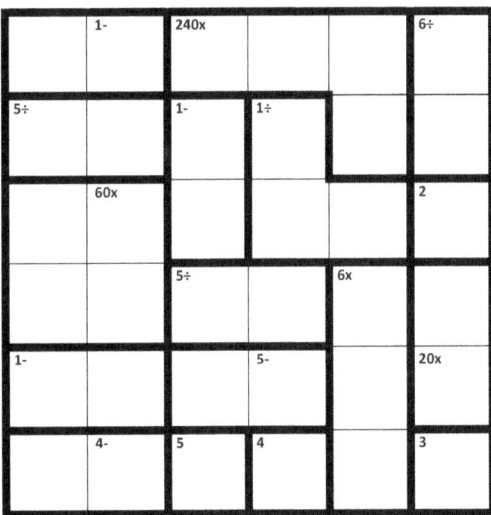

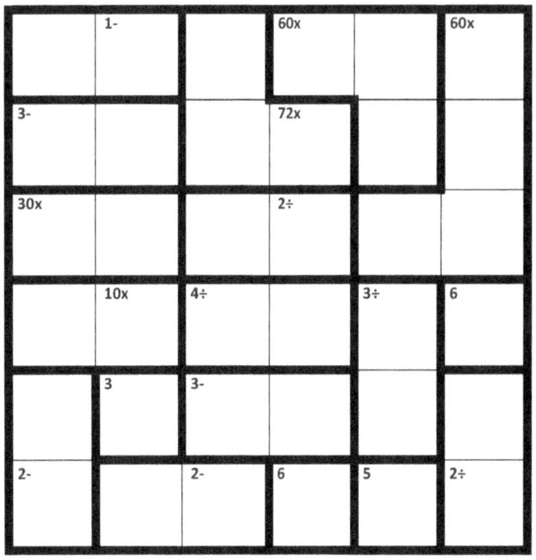

HARD - 381

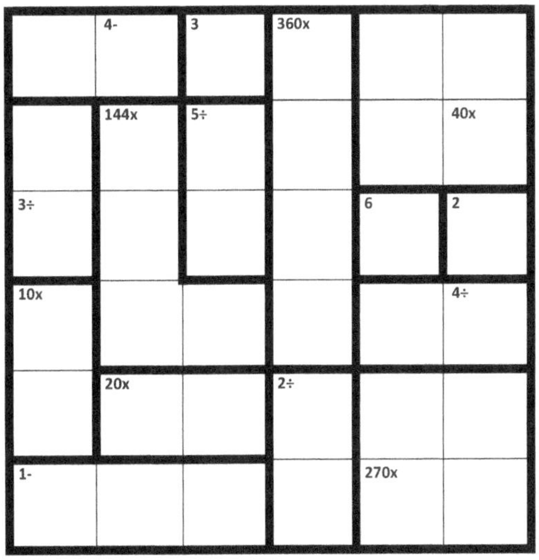

HARD - 382

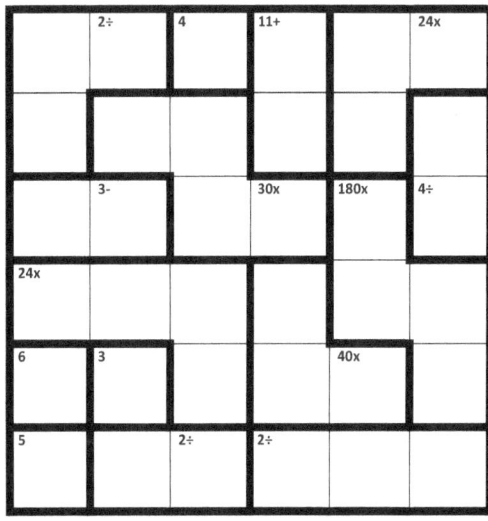

HARD - 383

HARD - 384

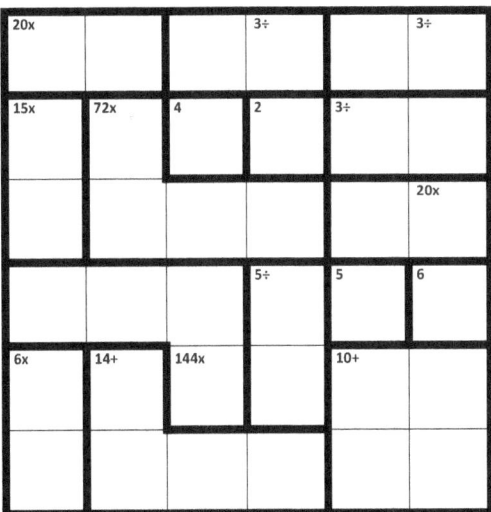
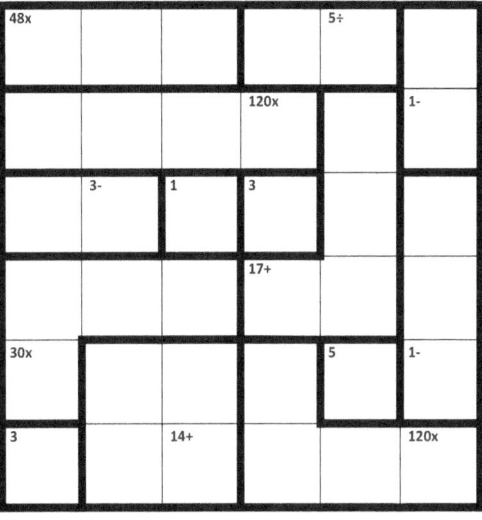

HARD - 385

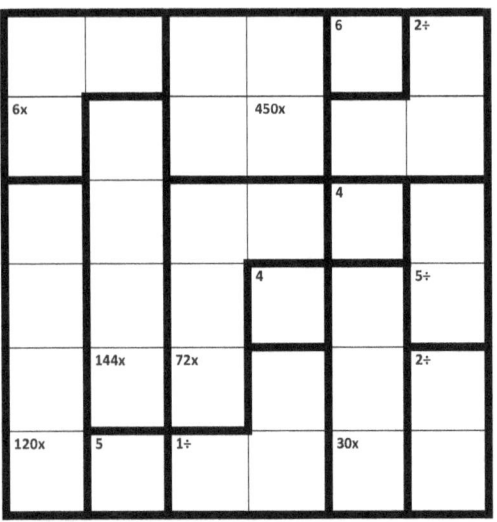

HARD - 386

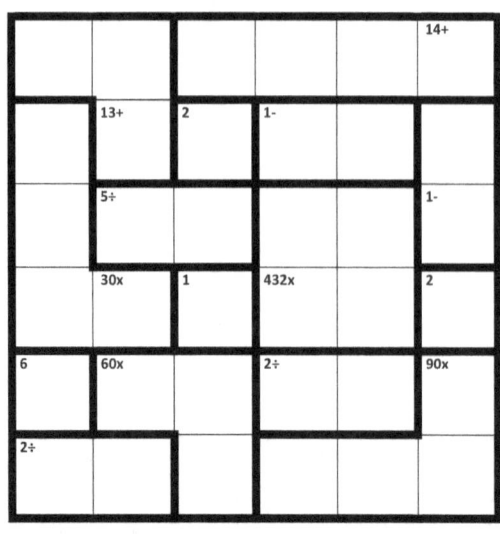

HARD - 387

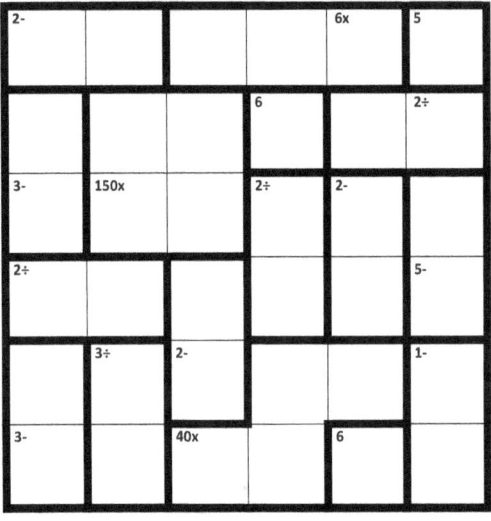

HARD - 388

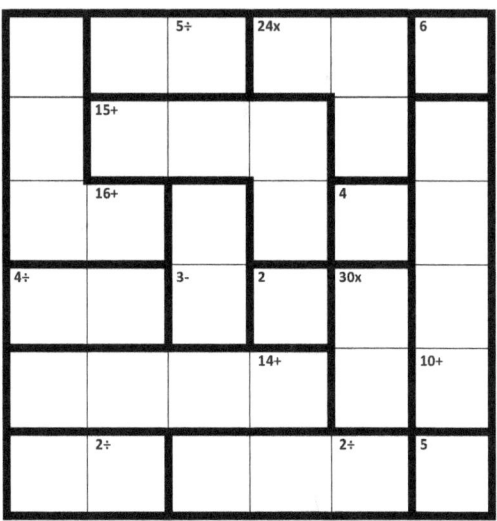

HARD - 389

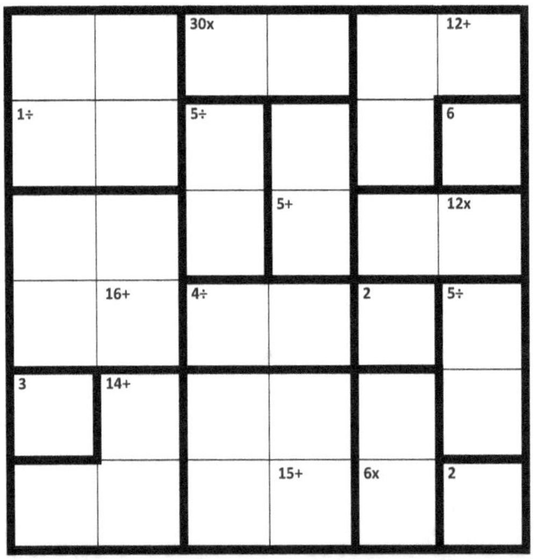

HARD - 390

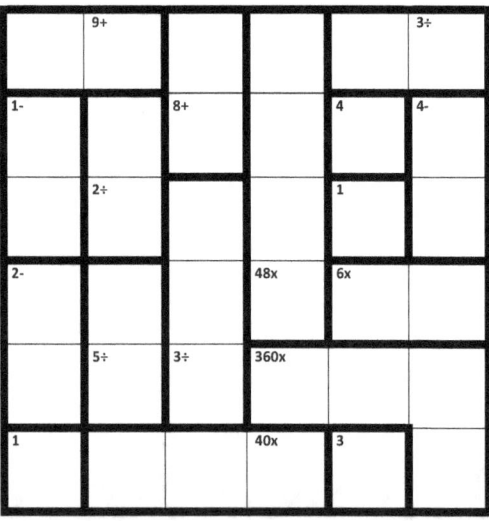

HARD - 391

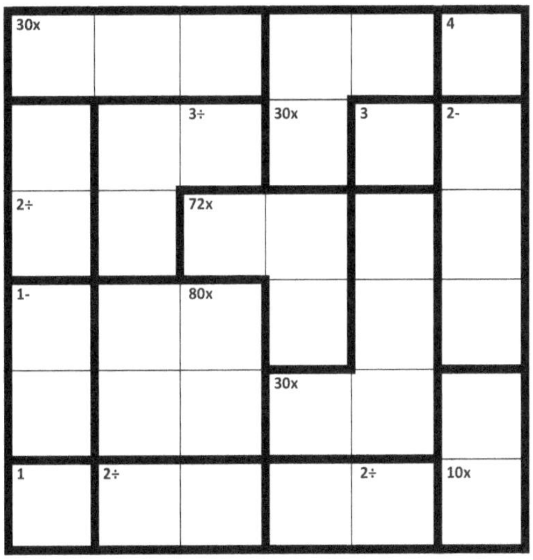

HARD - 392
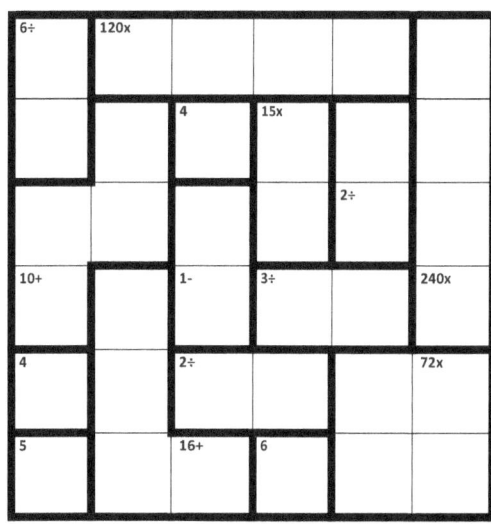

HARD - 393
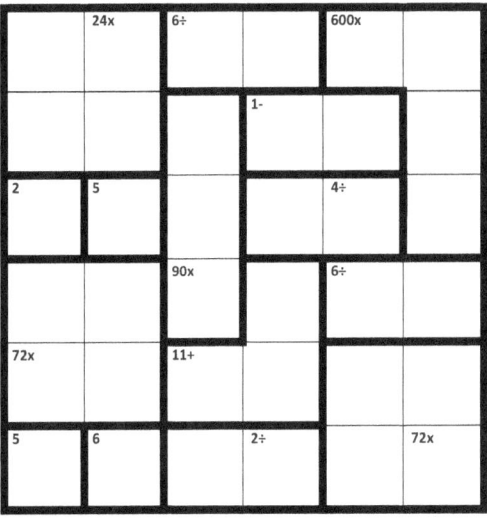

HARD - 394
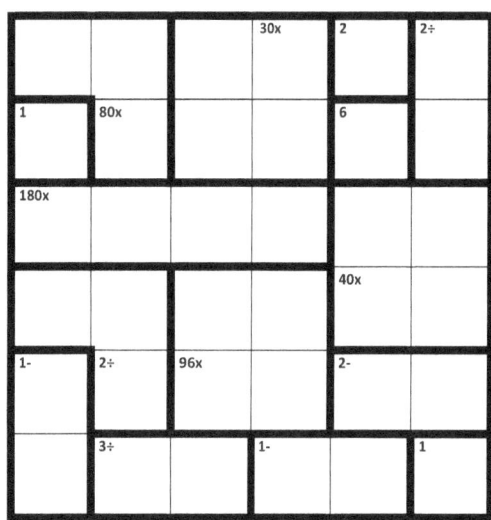

HARD - 395
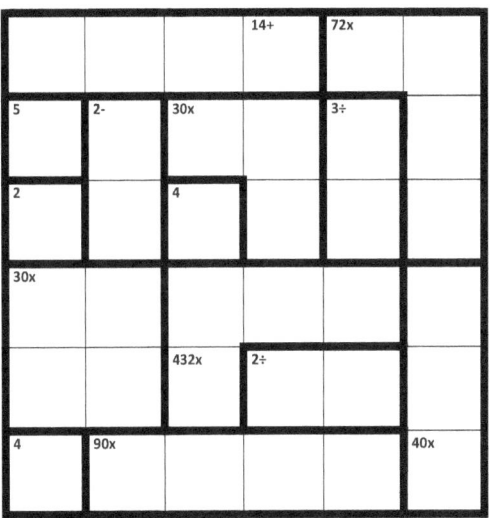

HARD - 396
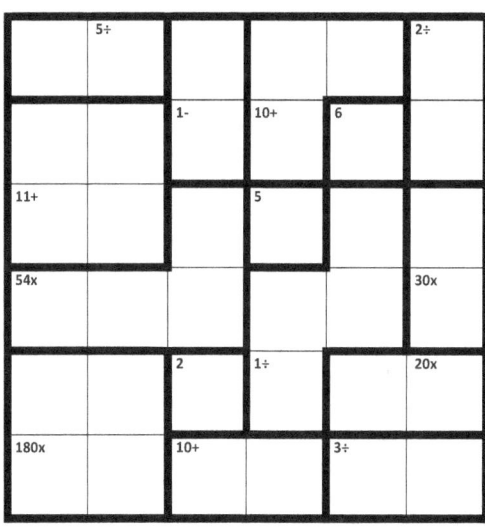

HARD - 397

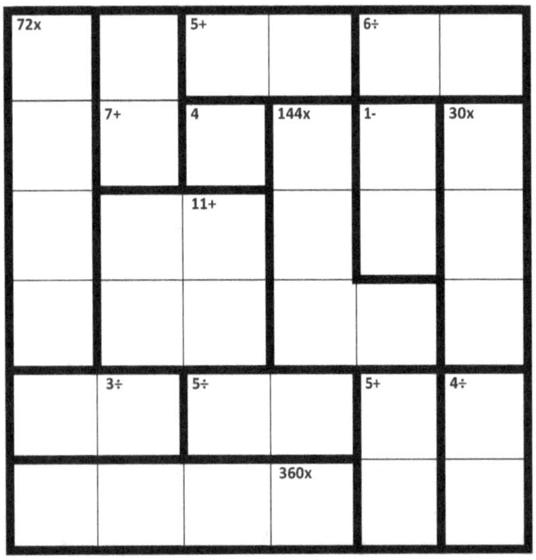

HARD - 398
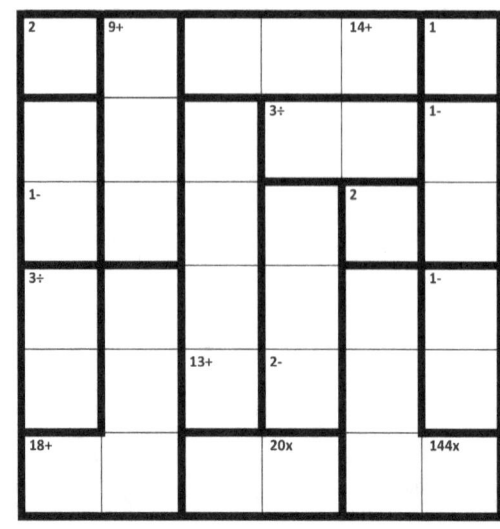

HARD - 399
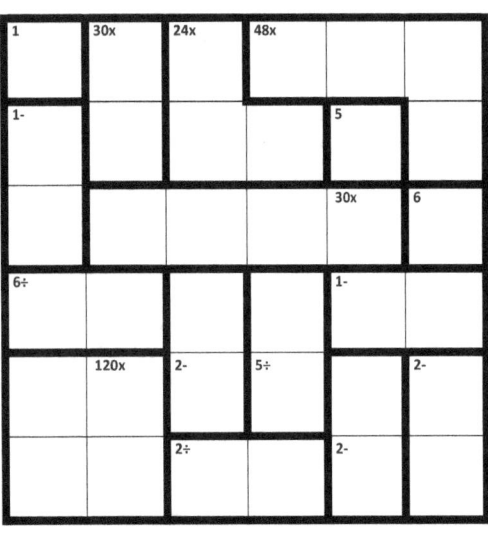

HARD - 400
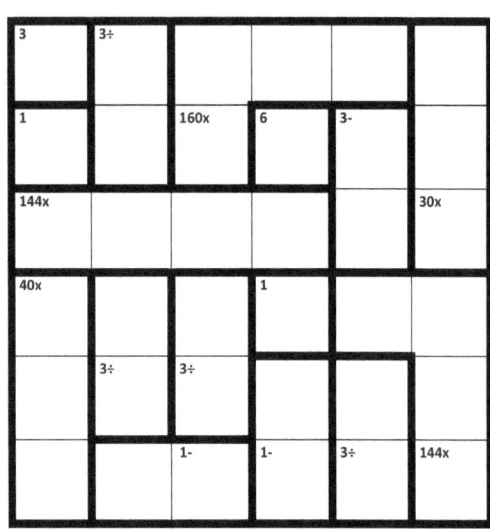

HARD - 401

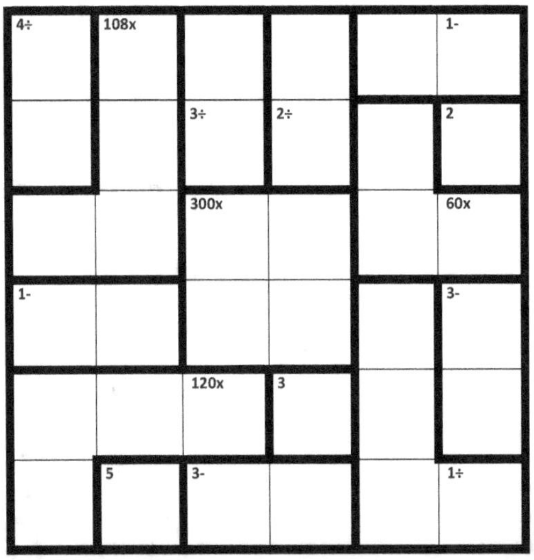

HARD - 402
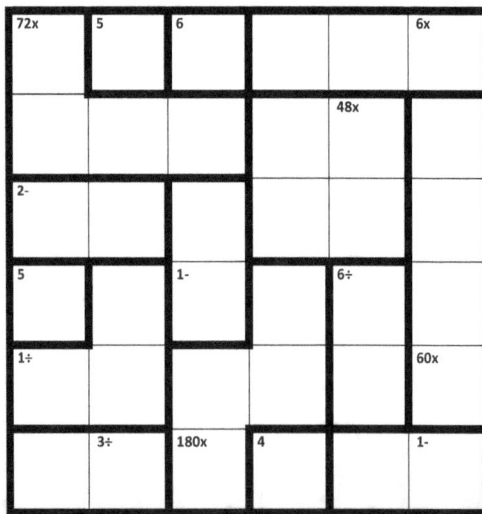

HARD - 403

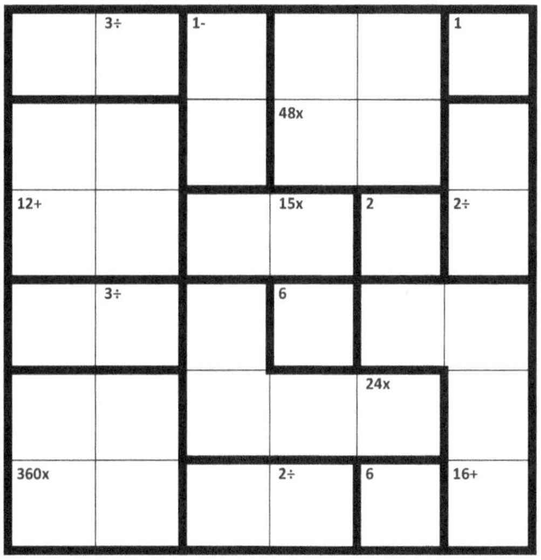

HARD - 404

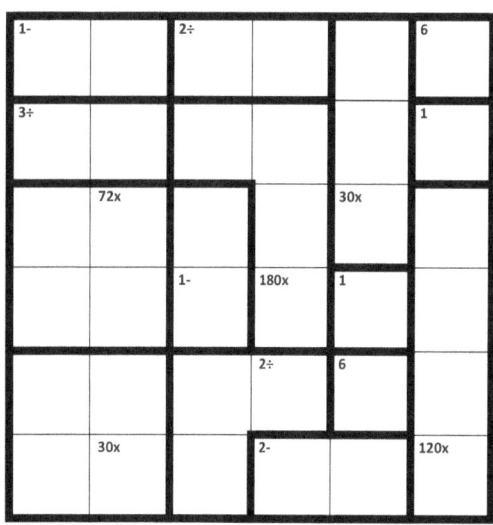

HARD - 405

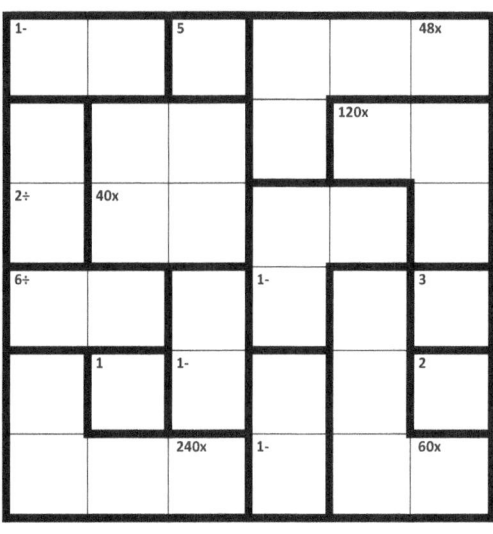

HARD - 406

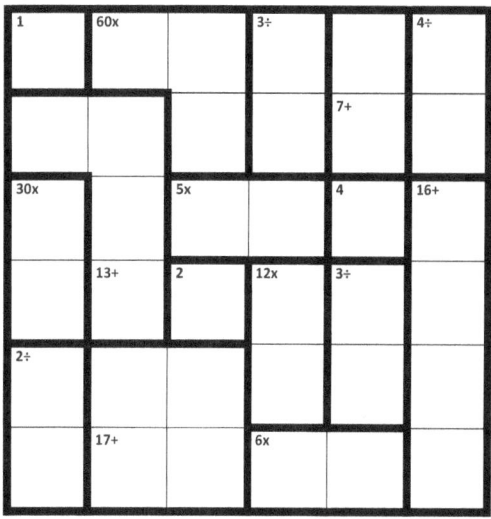

HARD - 407

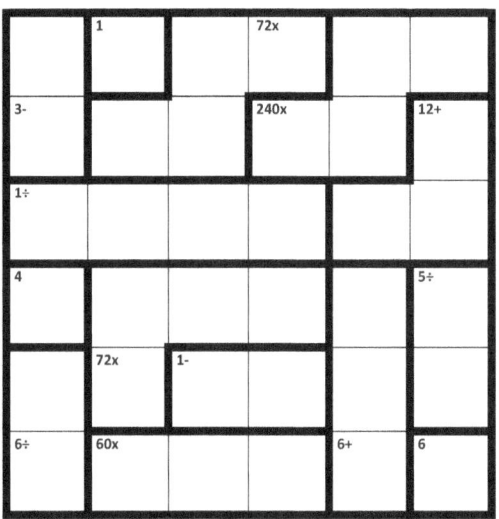

HARD - 408

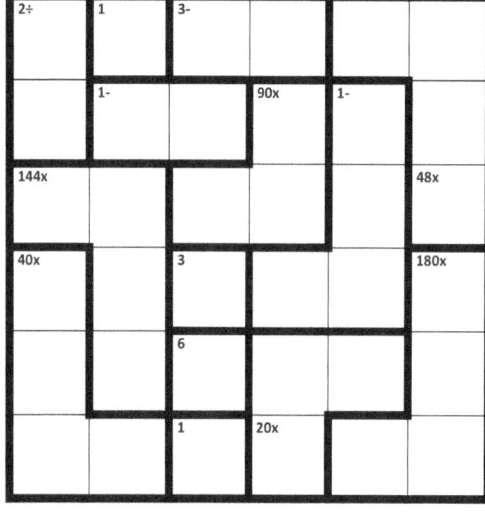

HARD - 409

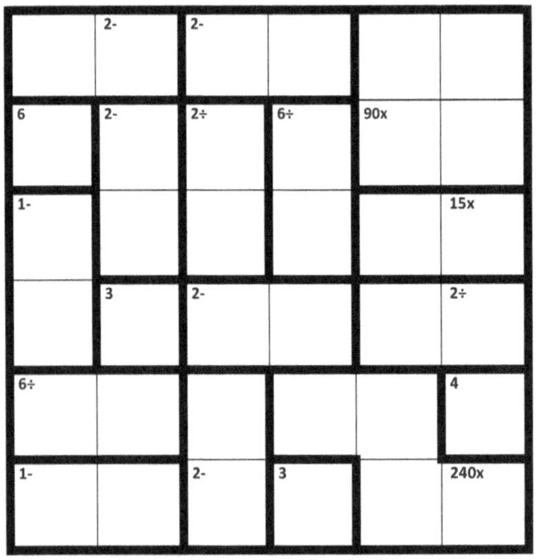

HARD - 410

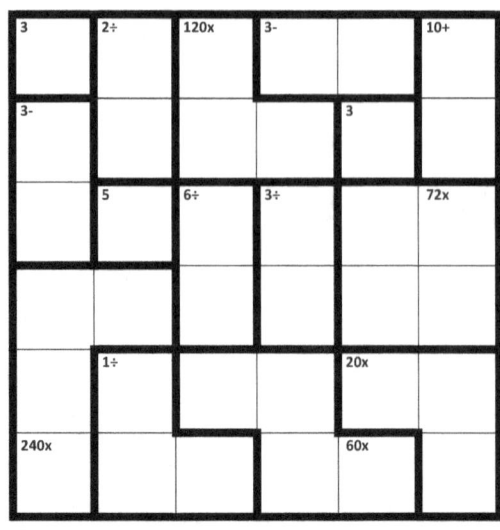

HARD - 411

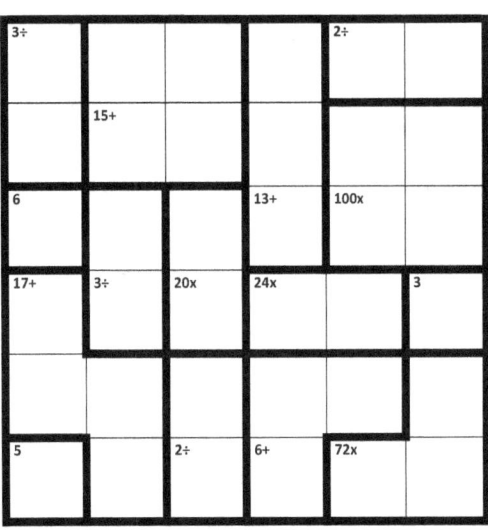

HARD - 412

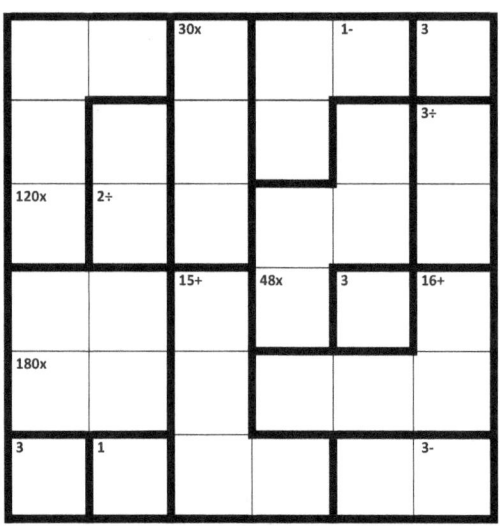

HARD - 413

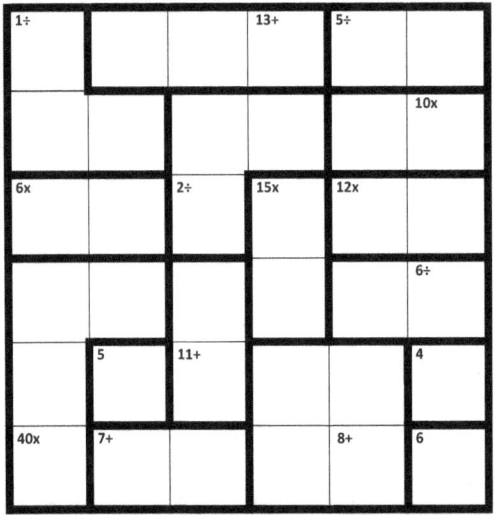

HARD - 414

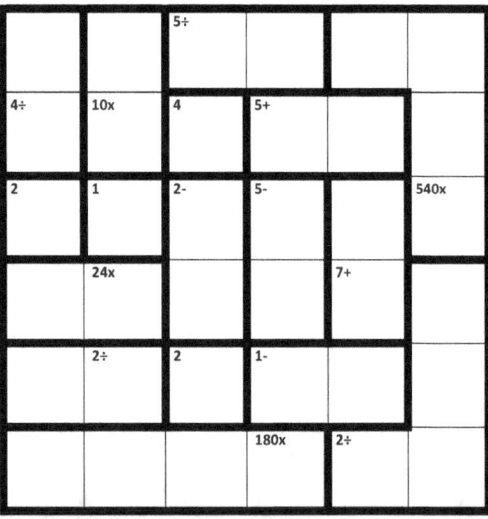

HARD - 415
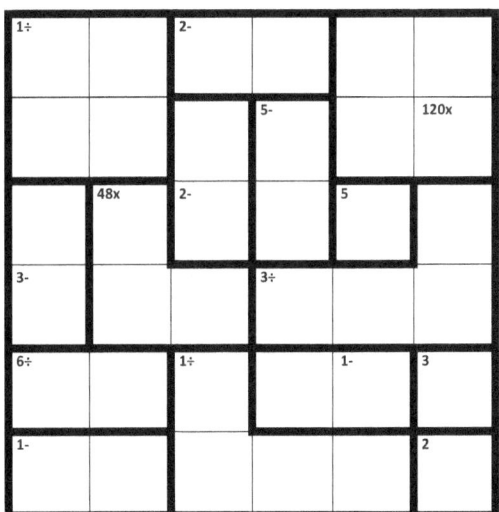

HARD - 416
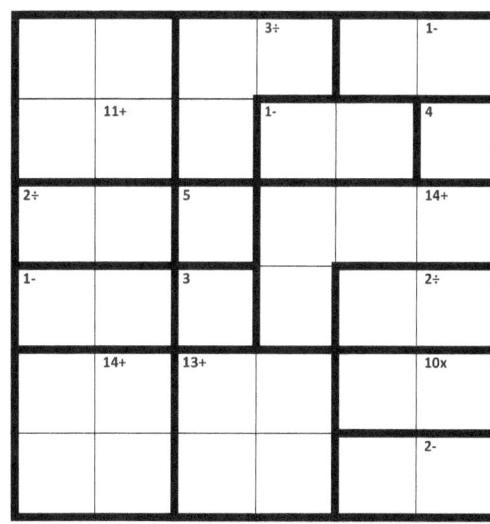

HARD - 417
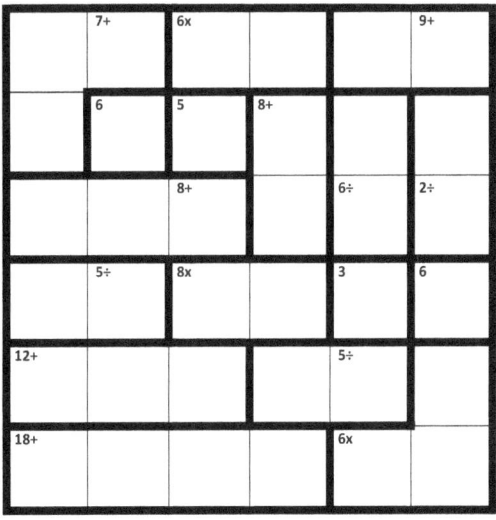

HARD - 418
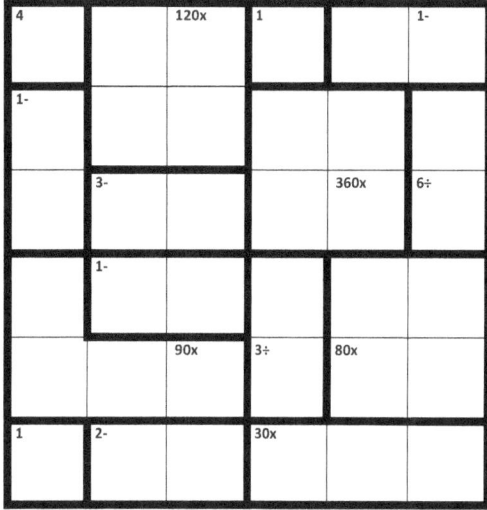

HARD - 419
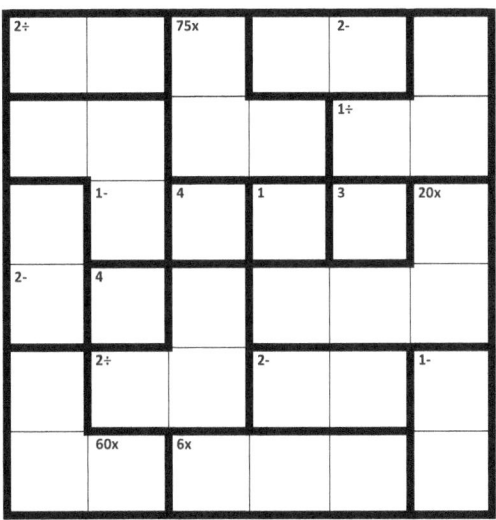

HARD - 420
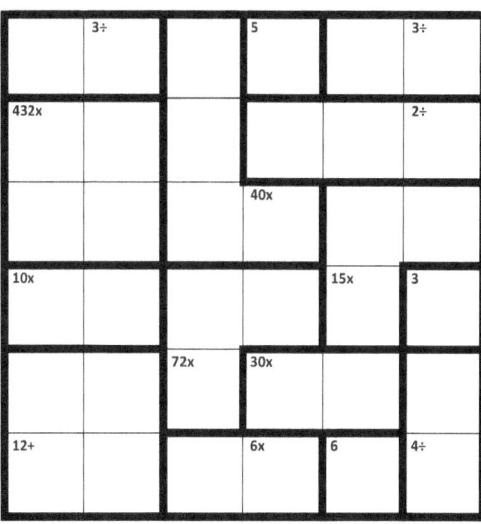

HARD - 421

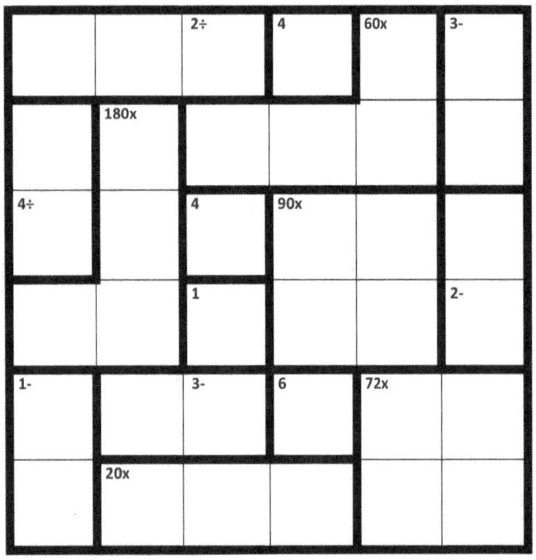

HARD - 422
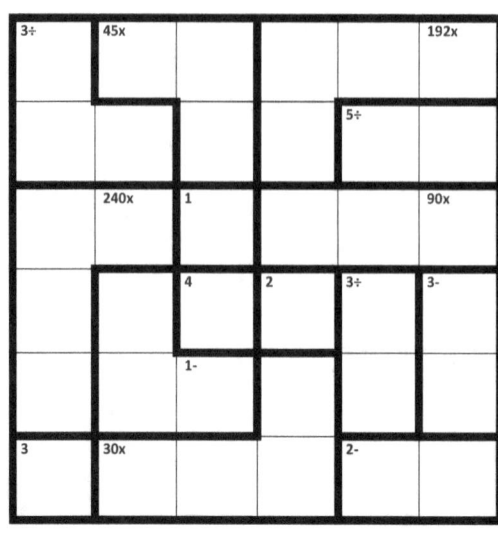

HARD - 423

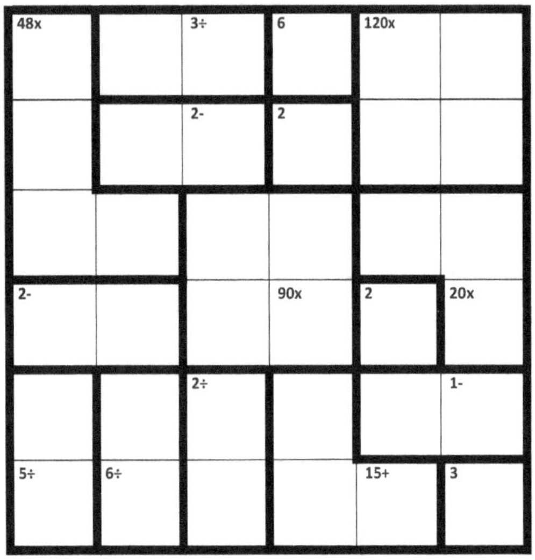

HARD - 424
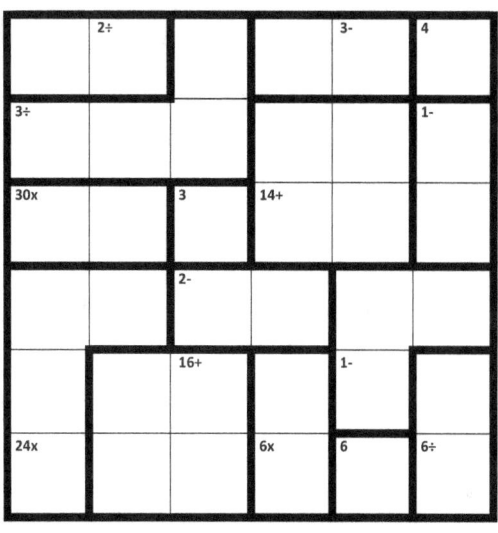

HARD - 425
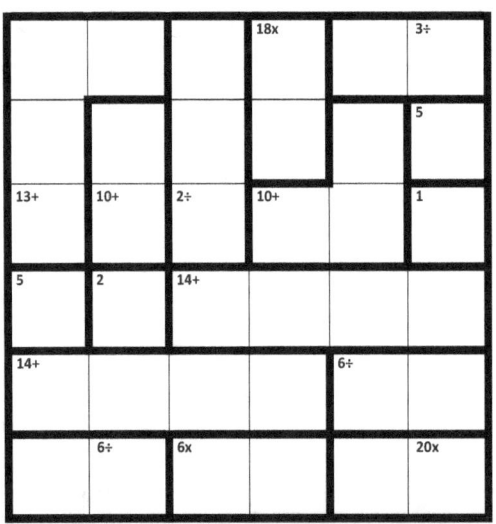

HARD - 426
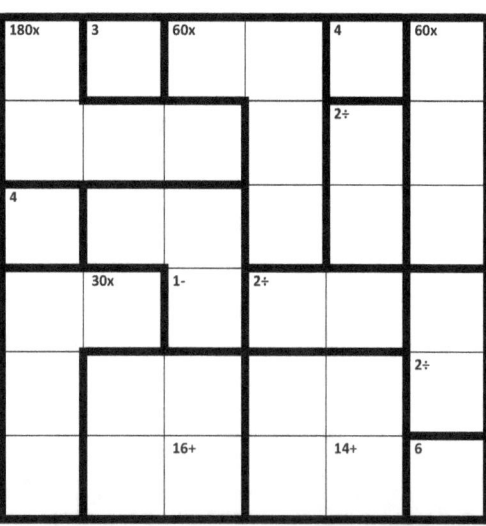

HARD - 427

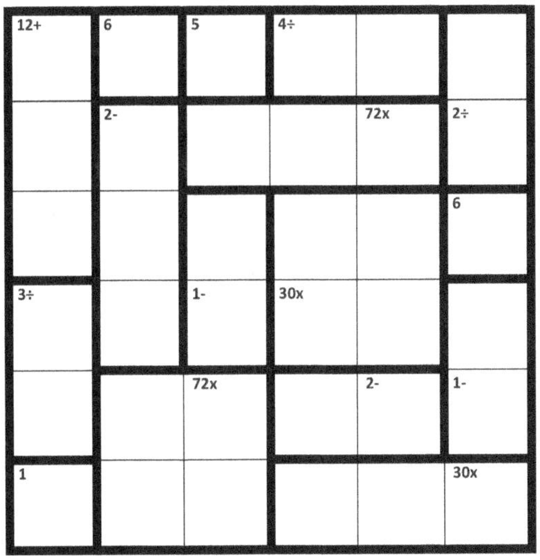

HARD - 428

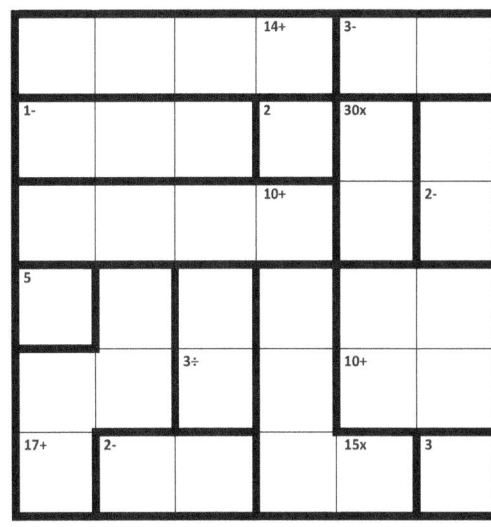

HARD - 429

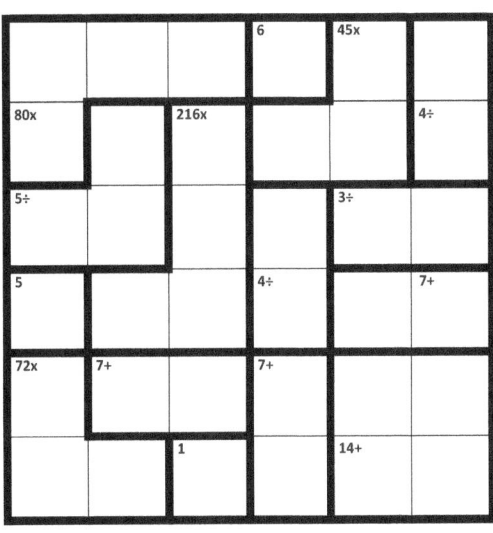

HARD - 430

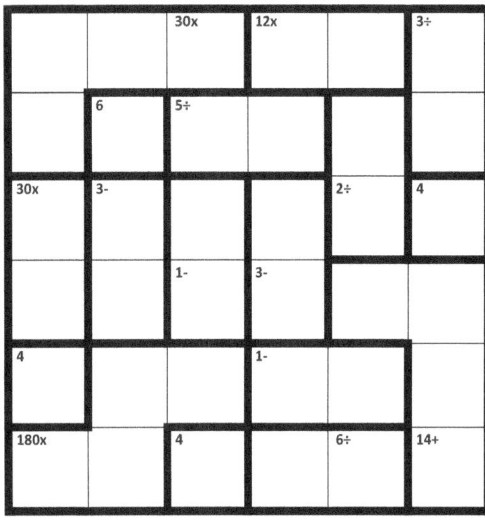

HARD - 431

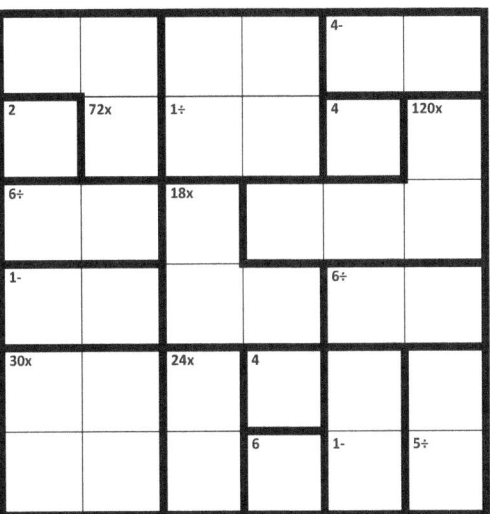

HARD - 432

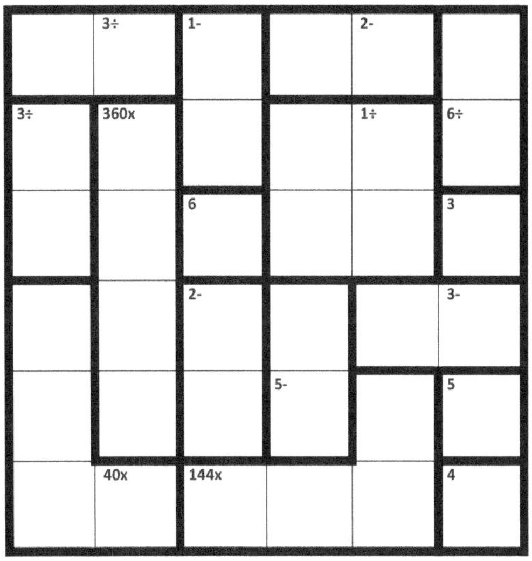

HARD - 433

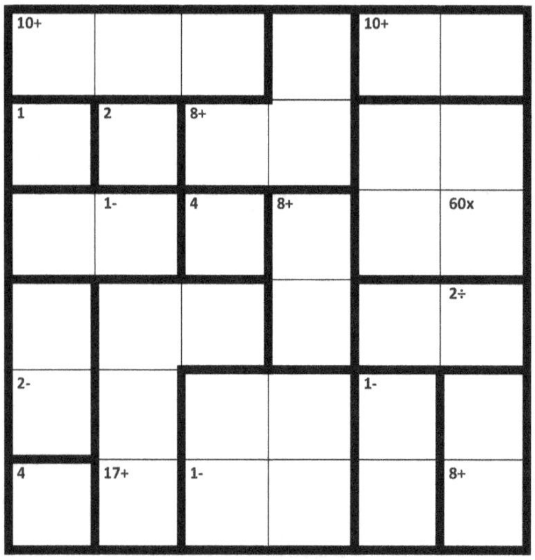

HARD - 434

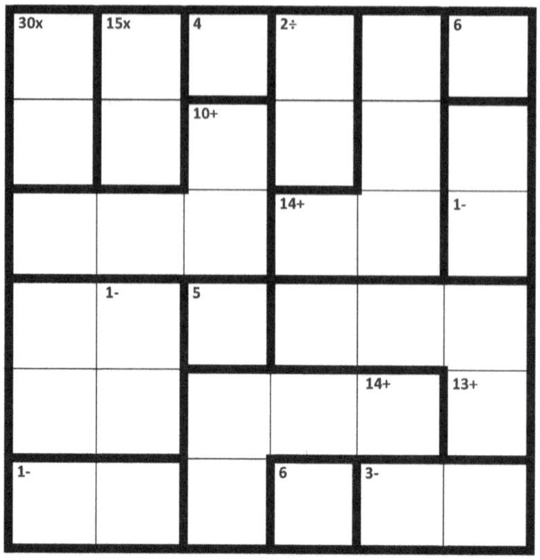

HARD - 435

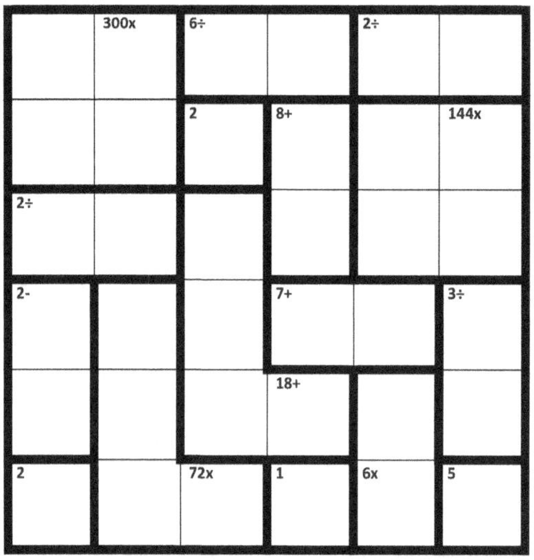

HARD - 436

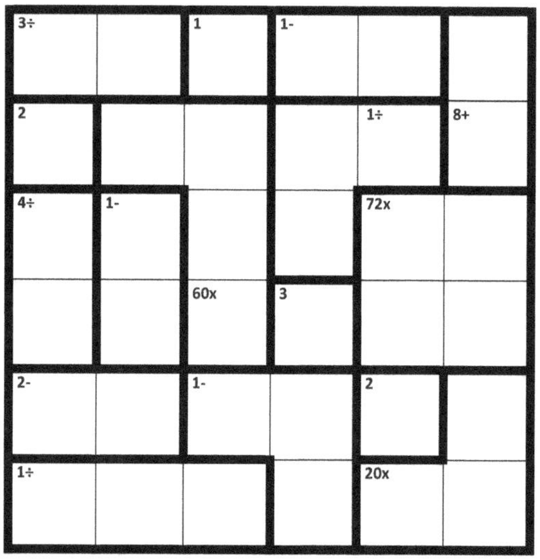

HARD - 437

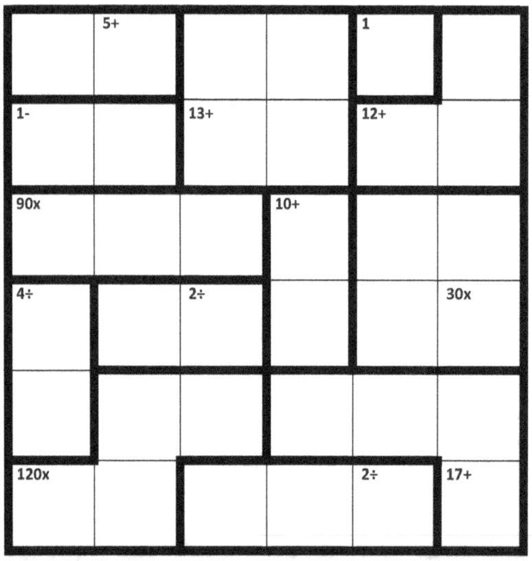

HARD - 438

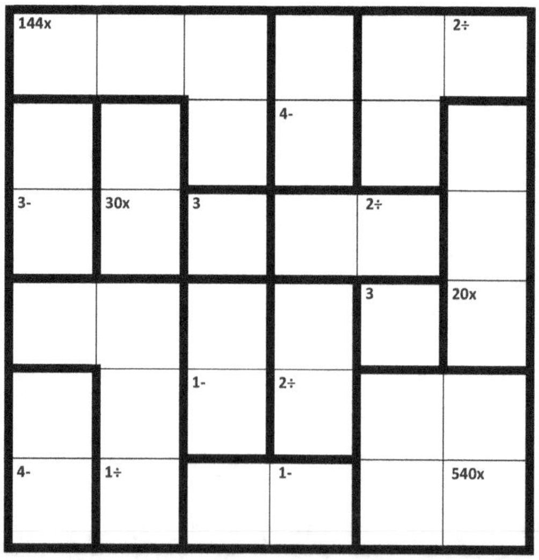

HARD - 439

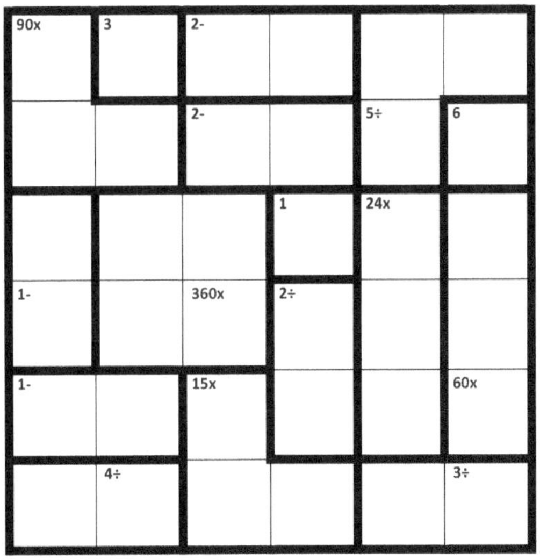

HARD - 440

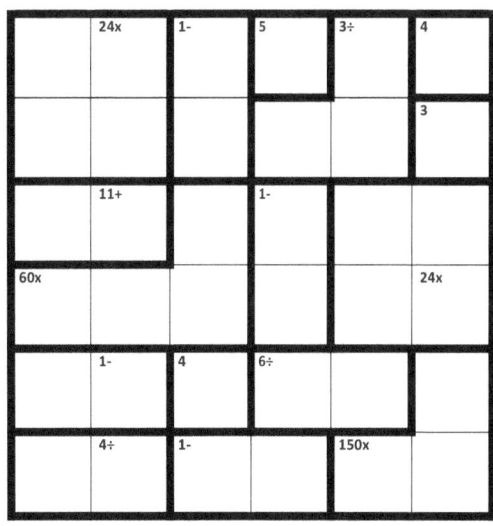

HARD - 441

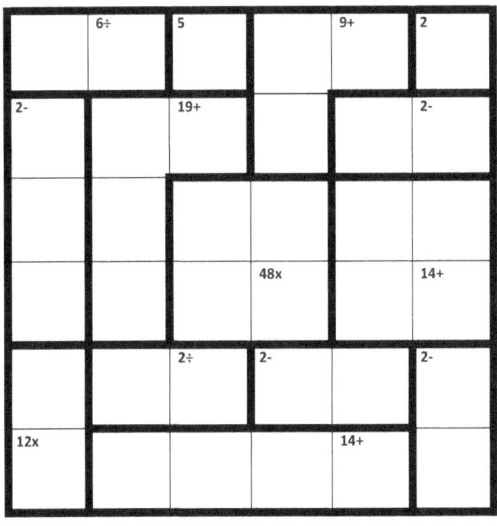

HARD - 442

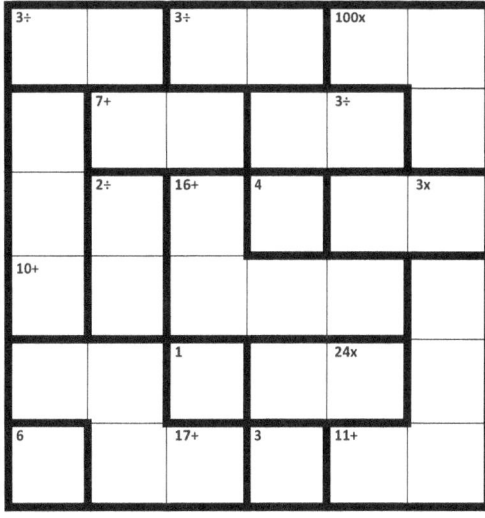

HARD - 443

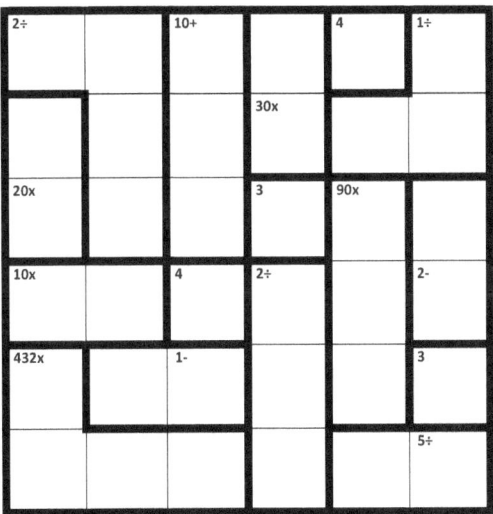

HARD - 444

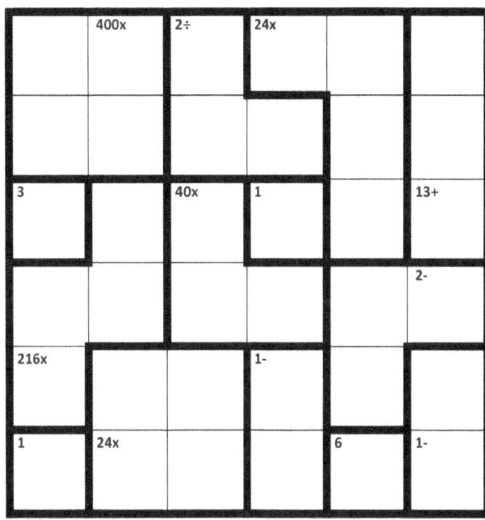

HARD - 445

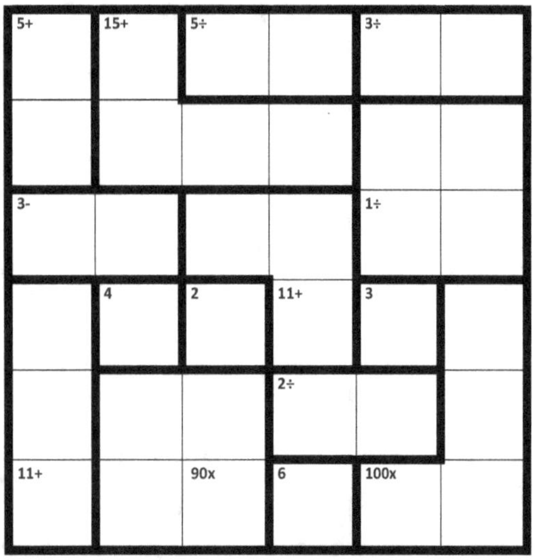

HARD - 446

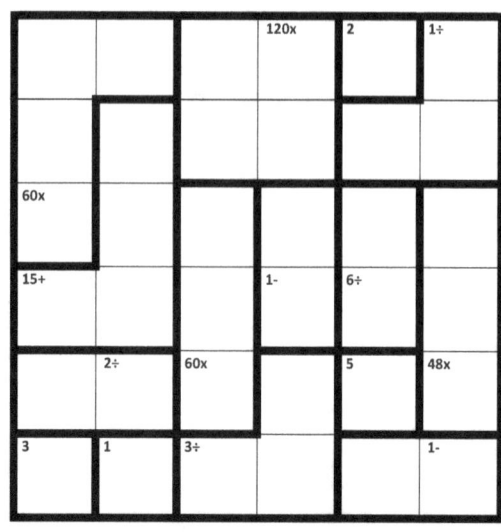

HARD - 447

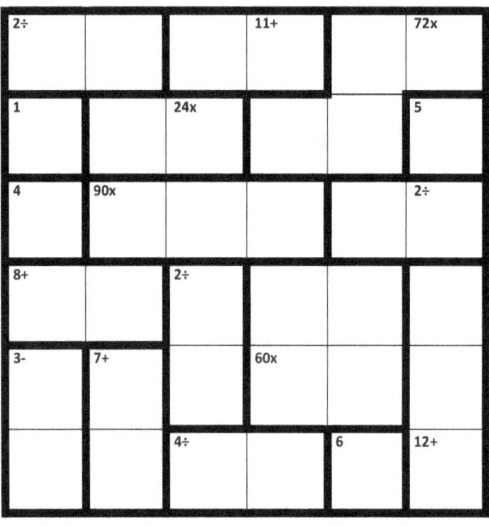

HARD - 448

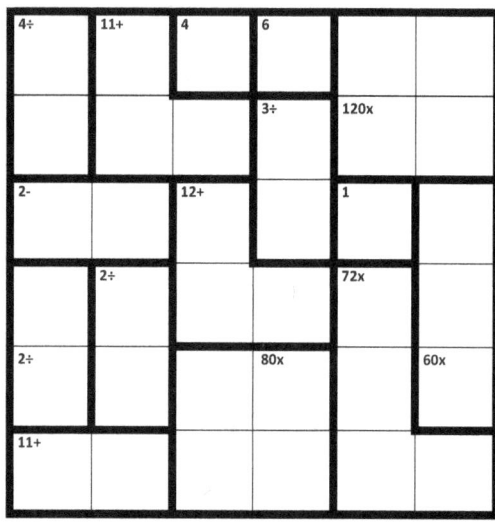

HARD - 449

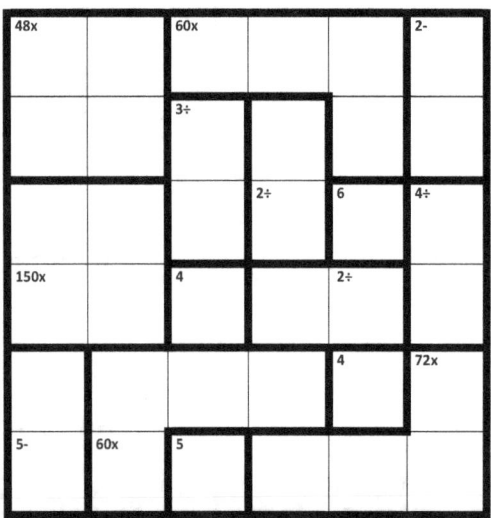

HARD - 450

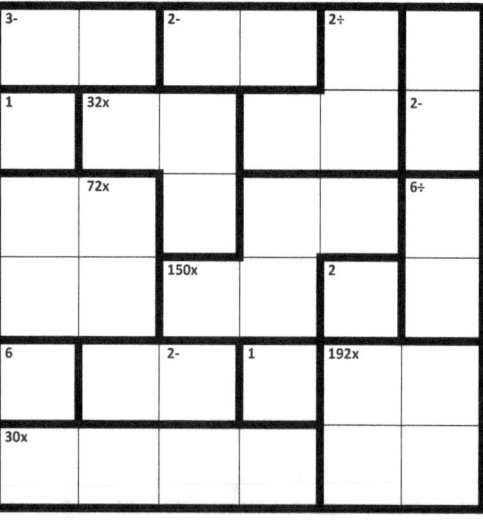

HARD - 451

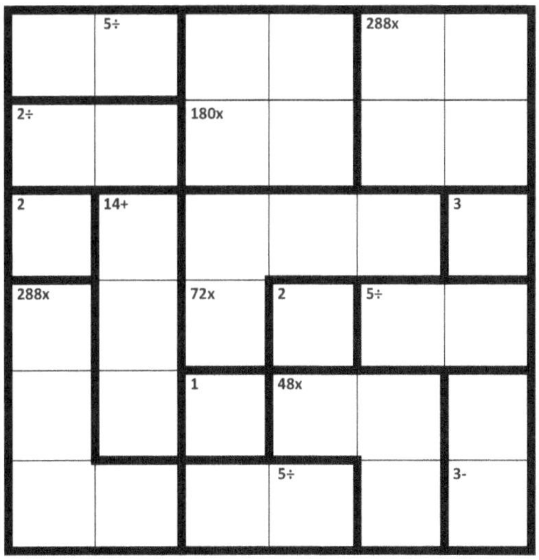

HARD - 452
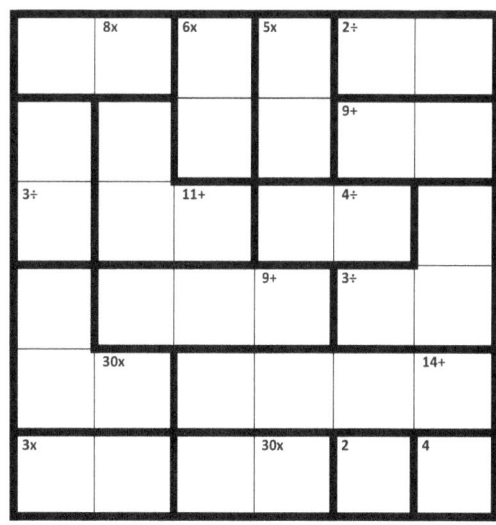

HARD - 453
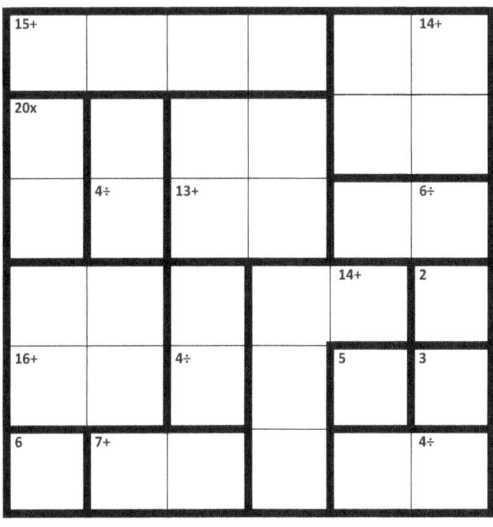

HARD - 454
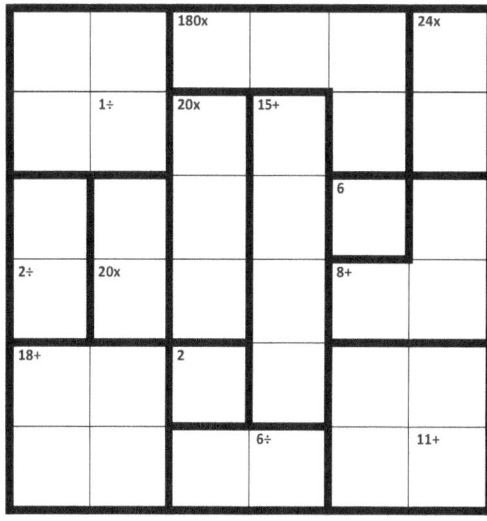

HARD - 455
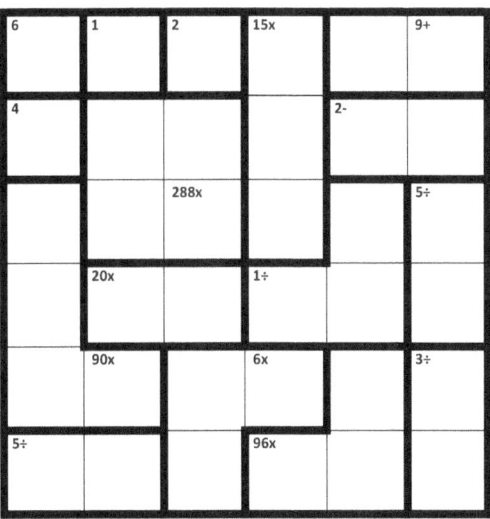

HARD - 456

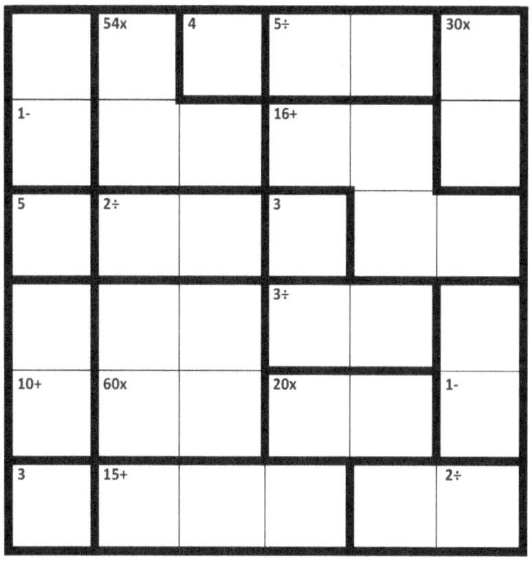

HARD - 457

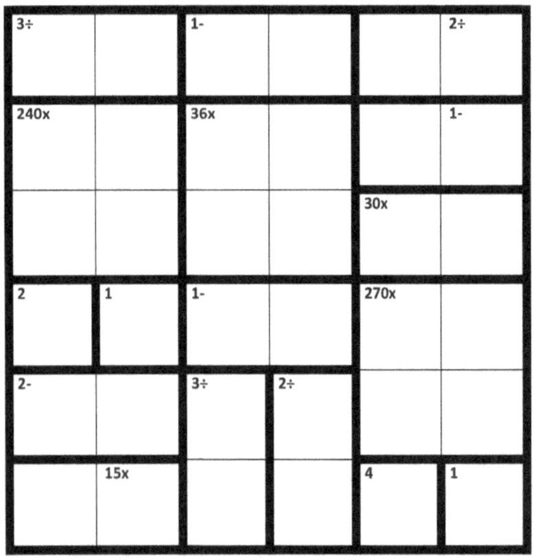

HARD - 458
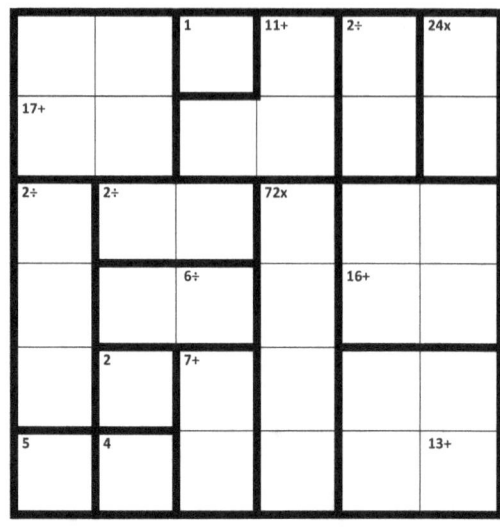

HARD - 459

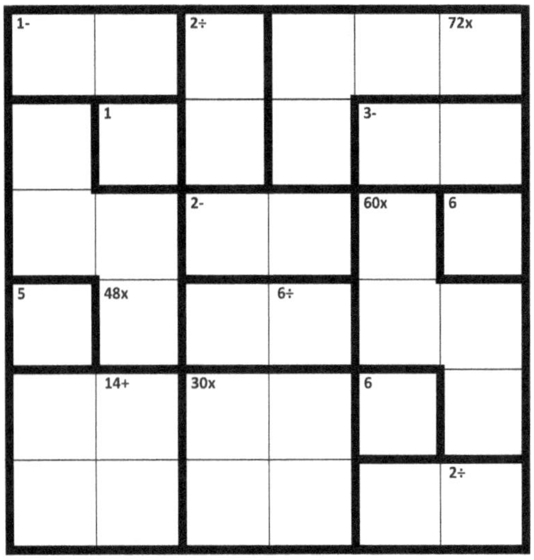

HARD - 460
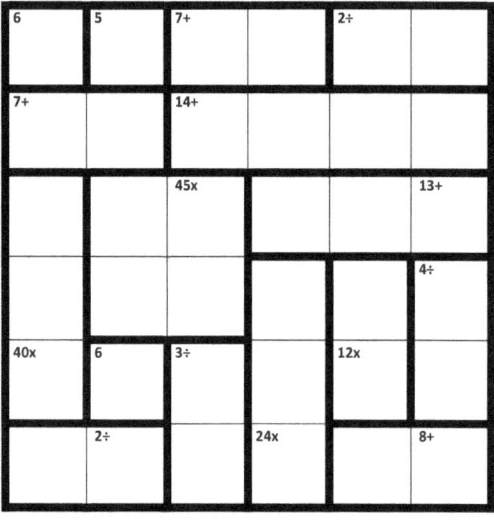

HARD - 461

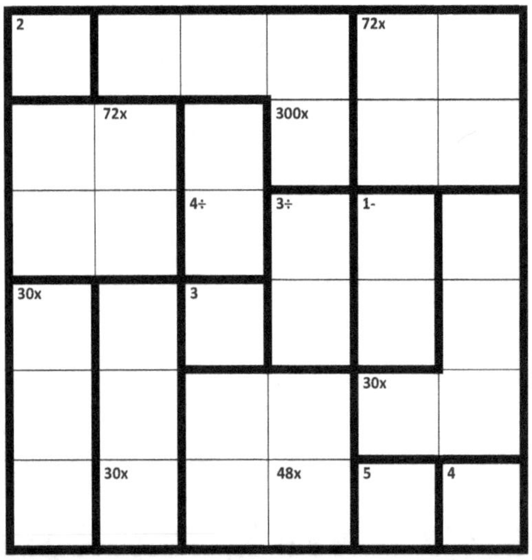

HARD - 462
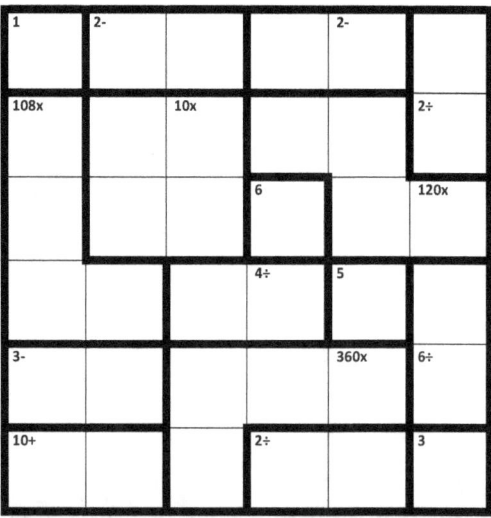

HARD - 463

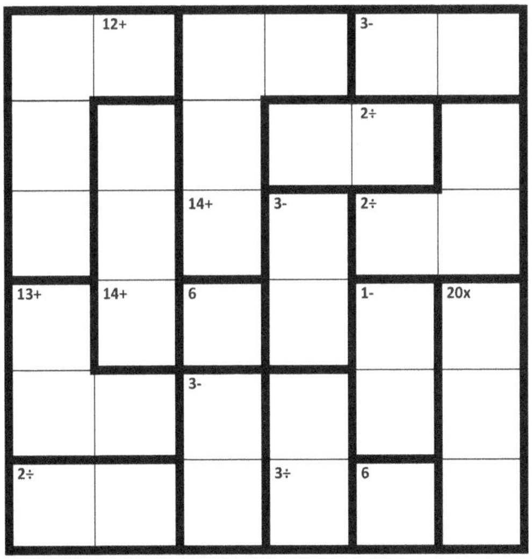

HARD - 464
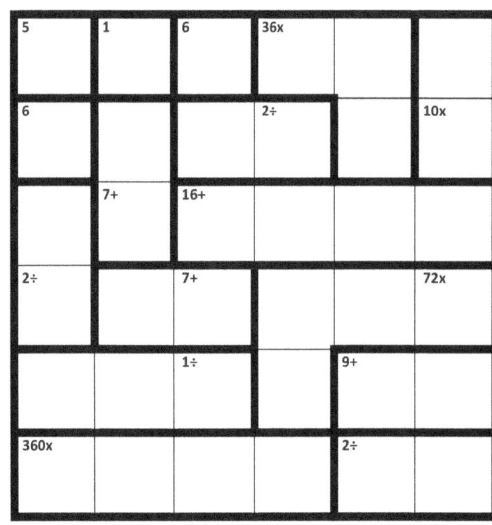

HARD - 465
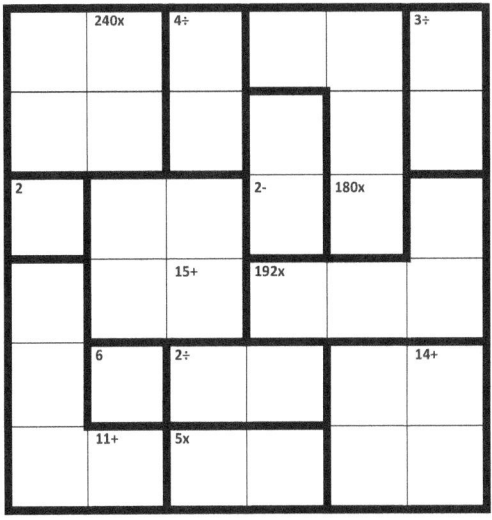

HARD - 466
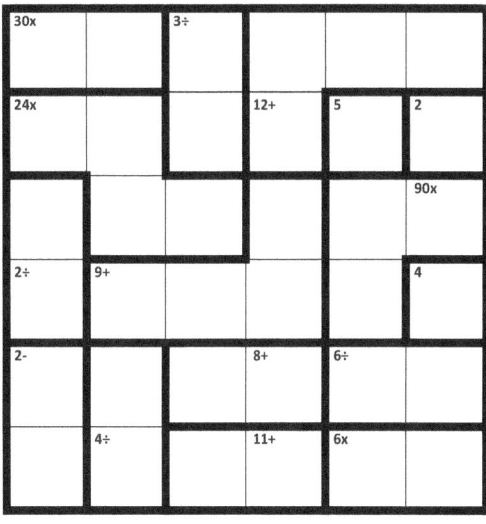

HARD - 467
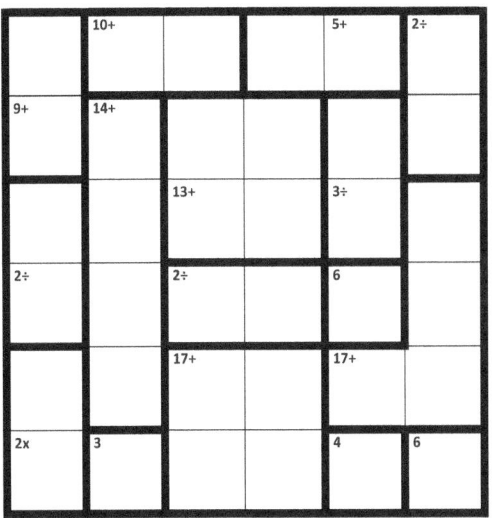

HARD - 468

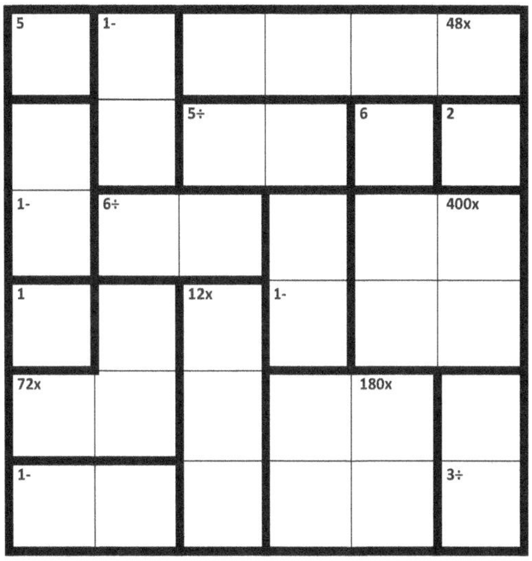

HARD - 469

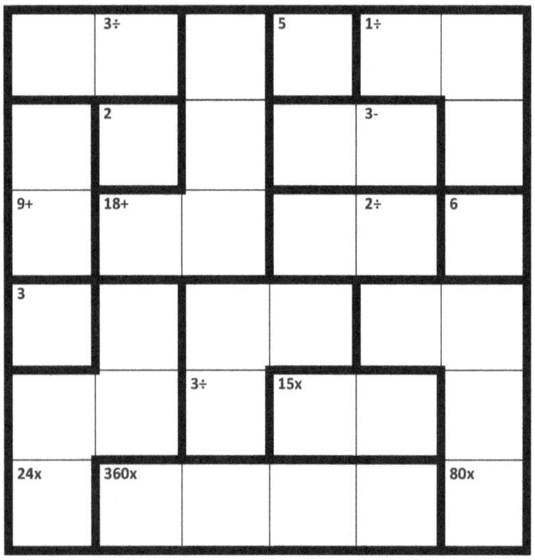

HARD - 470
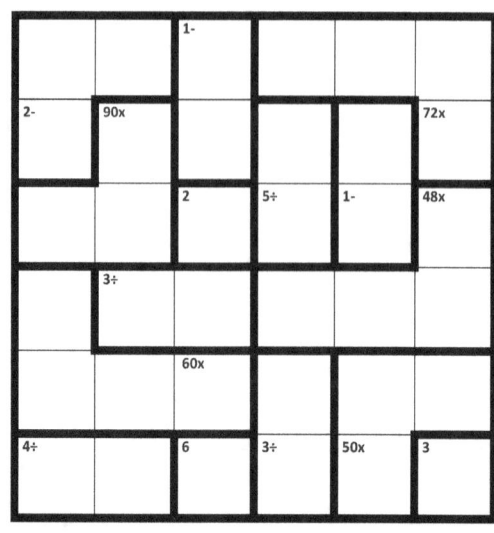

HARD - 471

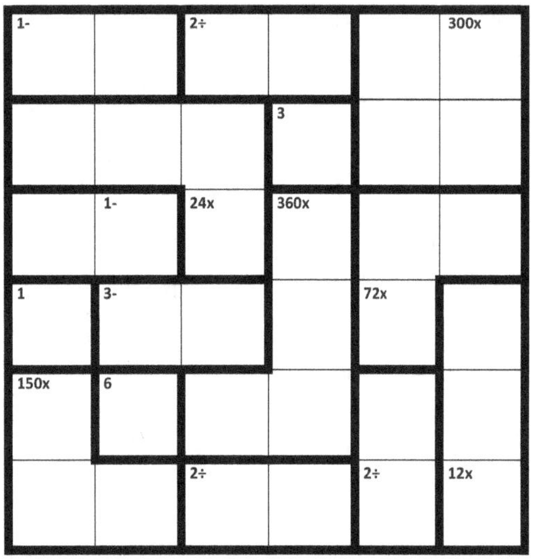

HARD - 472
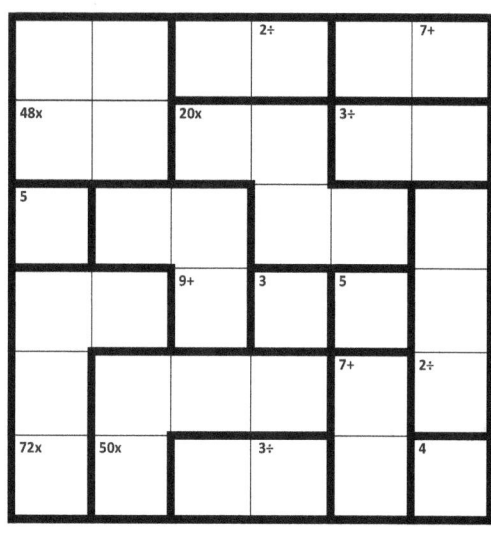

HARD - 473
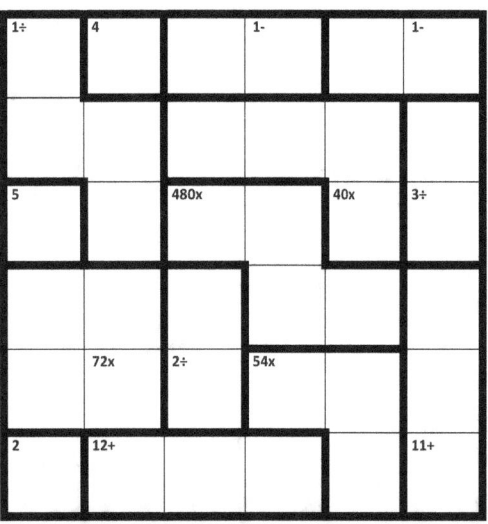

HARD - 474
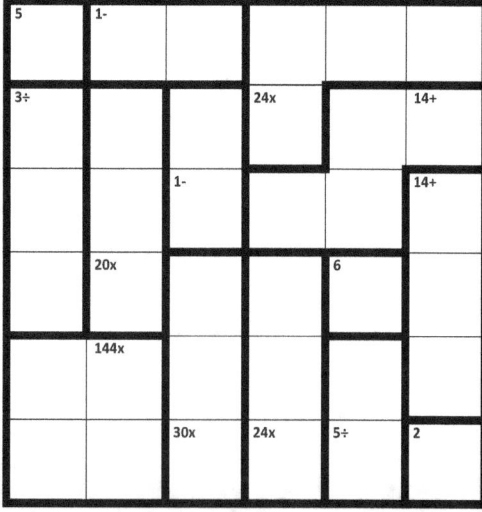

HARD - 475

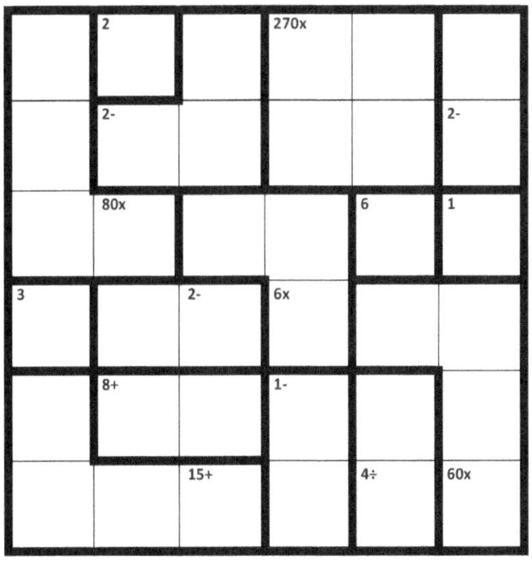

HARD - 476
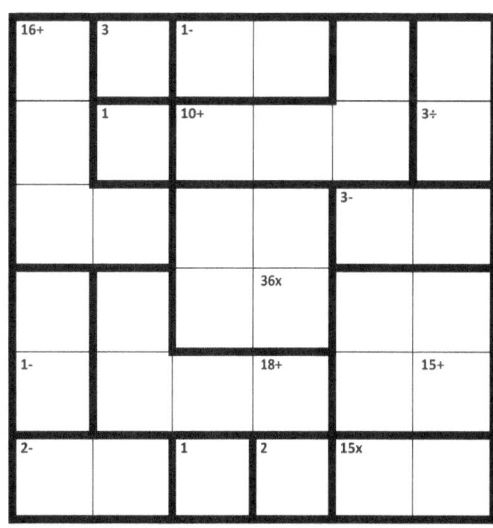

HARD - 477
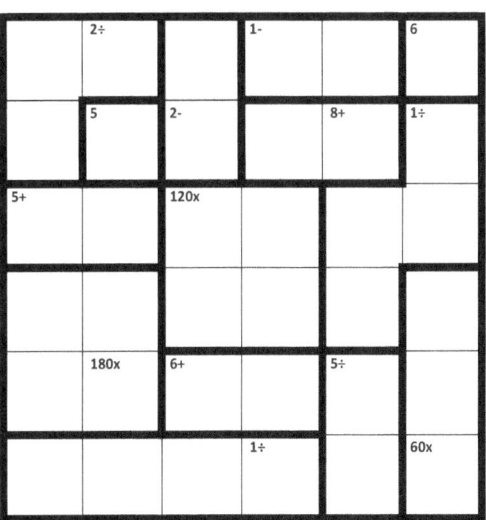

HARD - 478
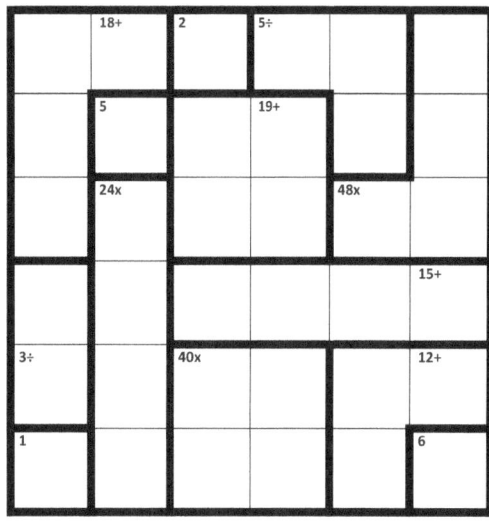

HARD - 479
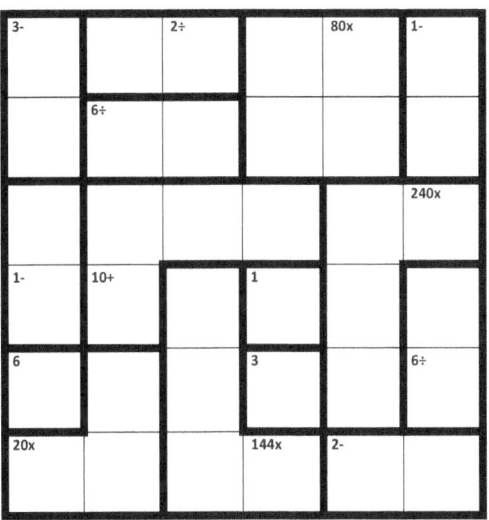

HARD - 480
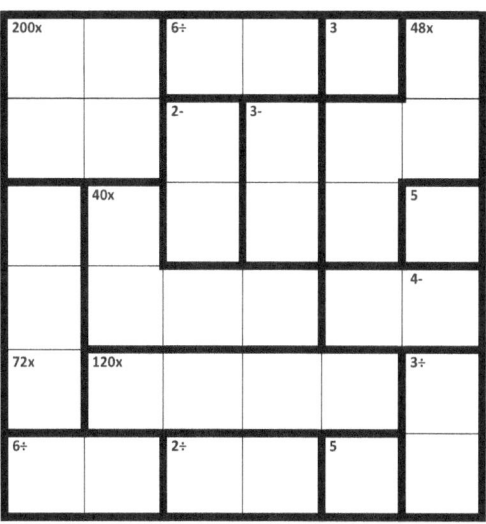

HARD - 481

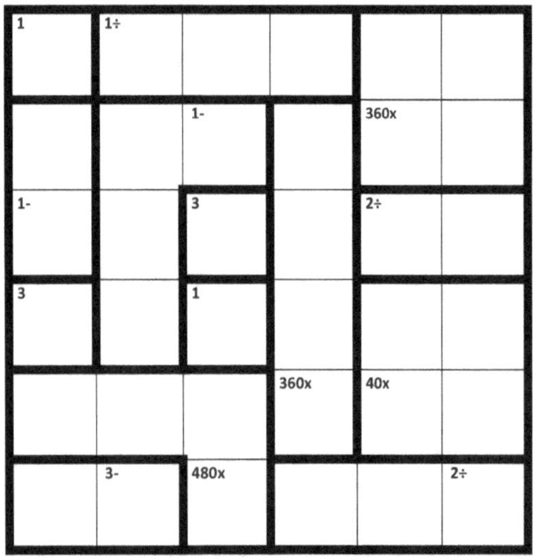

HARD - 482

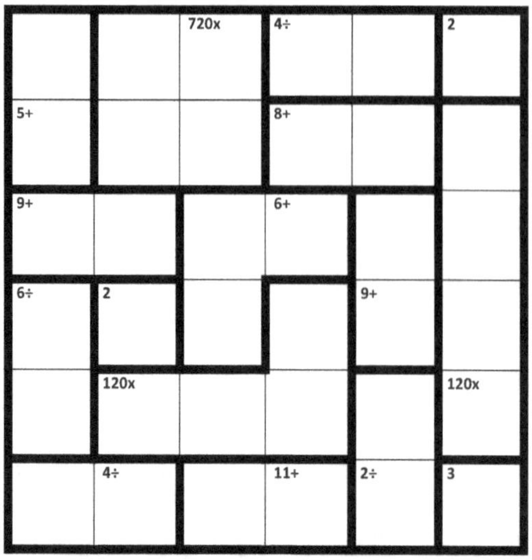

HARD - 483

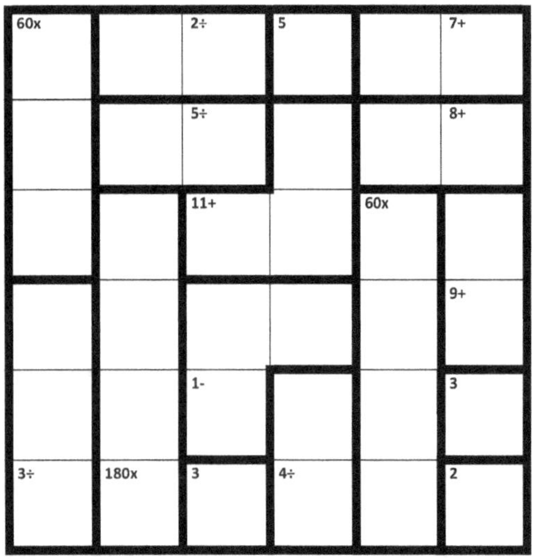

HARD - 484

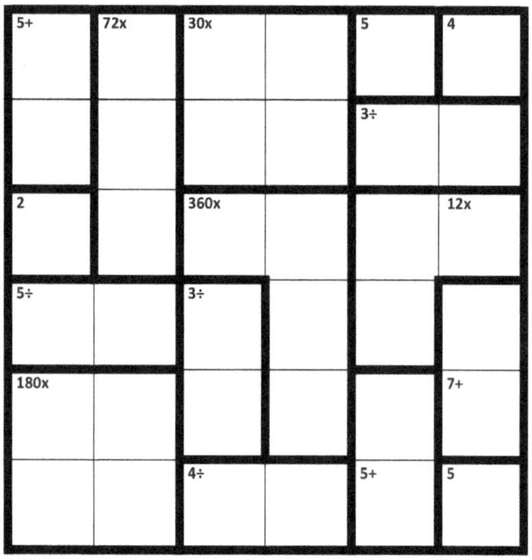

HARD - 485

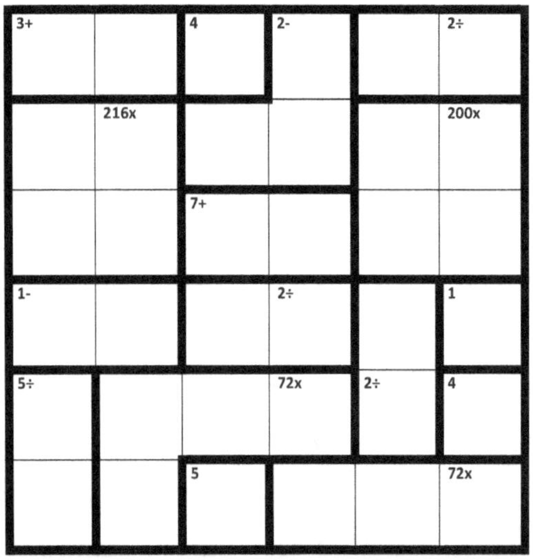

HARD - 486

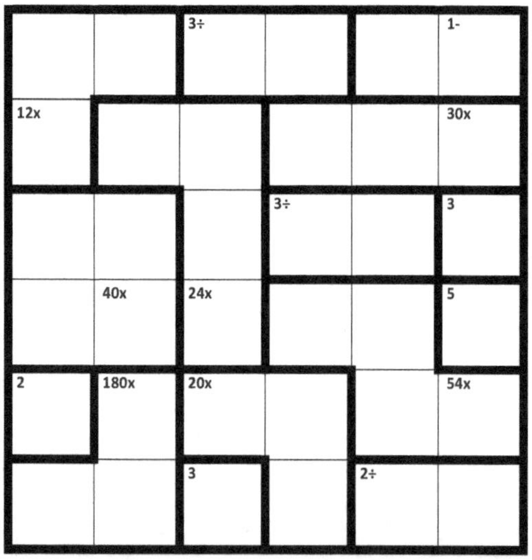

HARD - 487

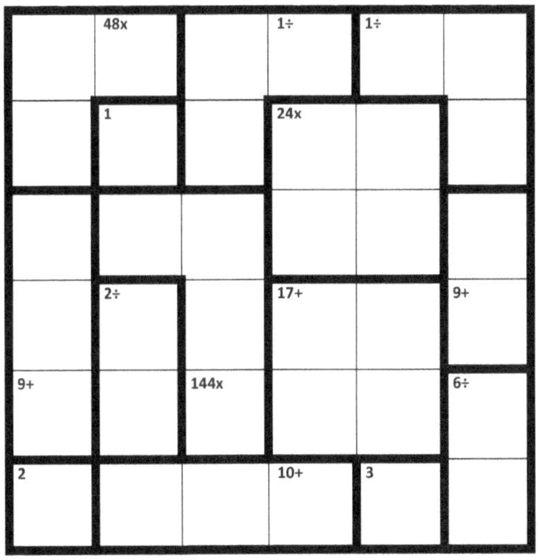

HARD - 488
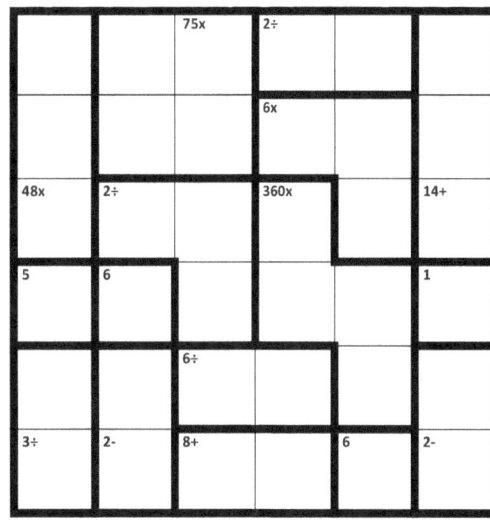

HARD - 489
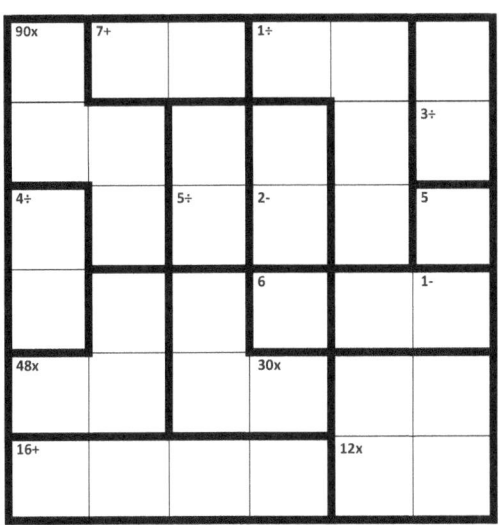

HARD - 490
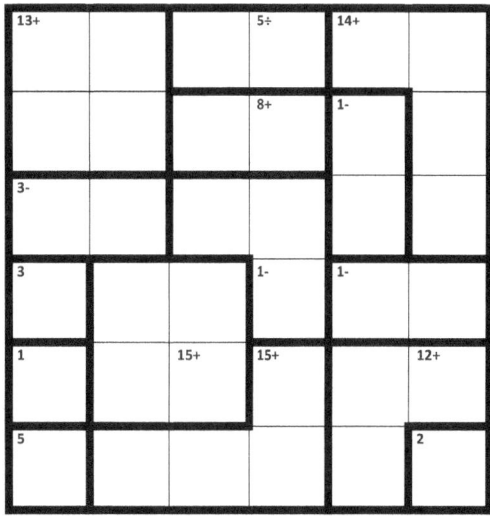

HARD - 491
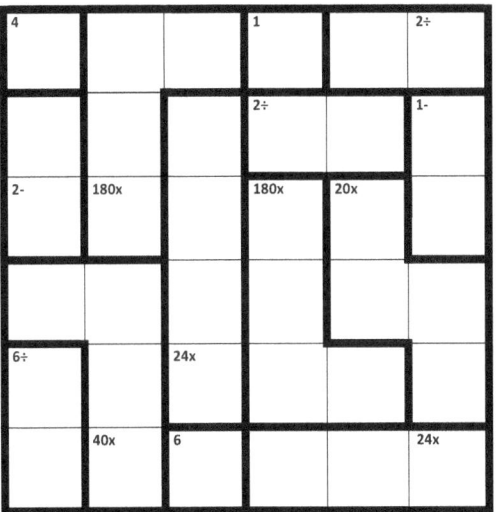

HARD - 492
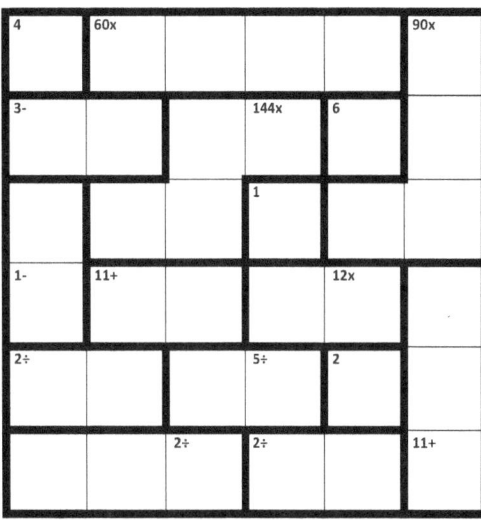

HARD - 493

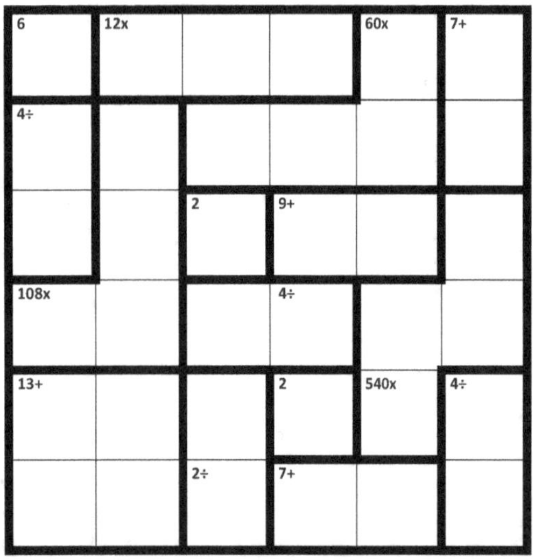

HARD - 494

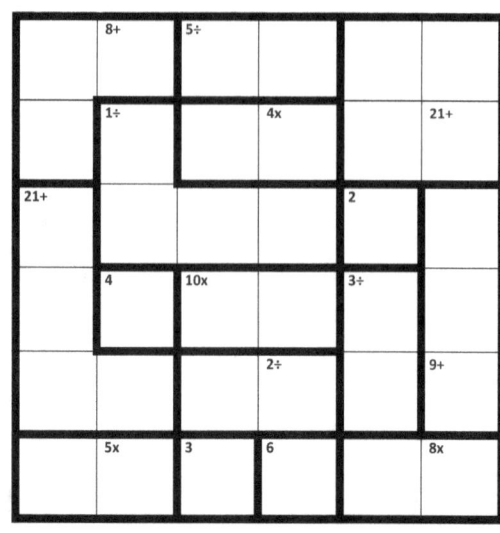

HARD - 495

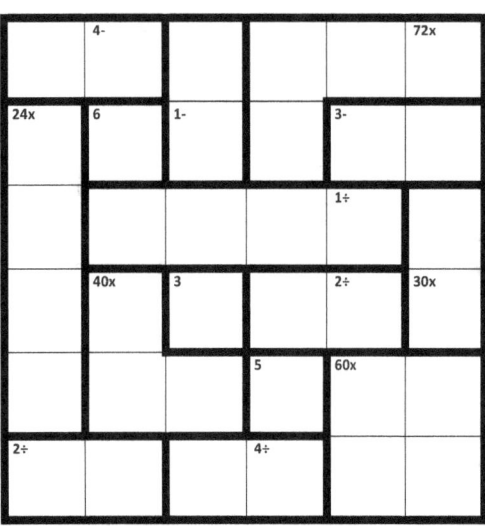

HARD - 496

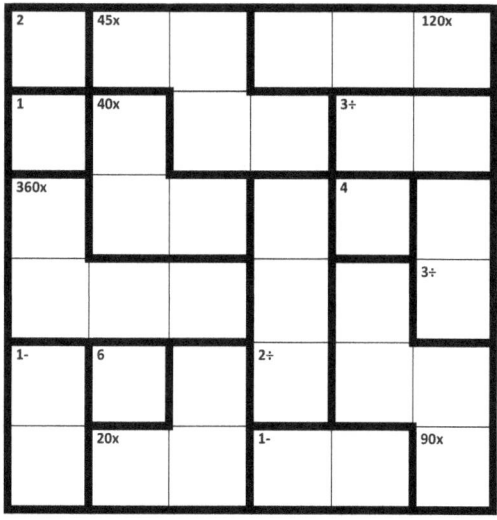

HARD - 497

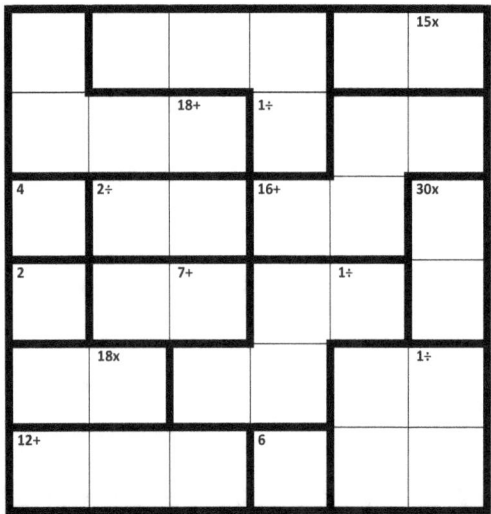

HARD - 498

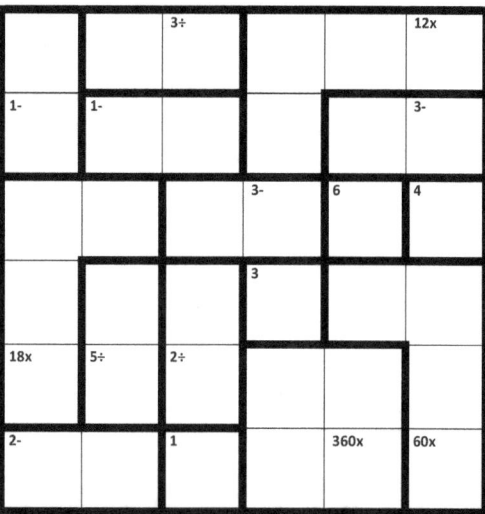

HARD - 499

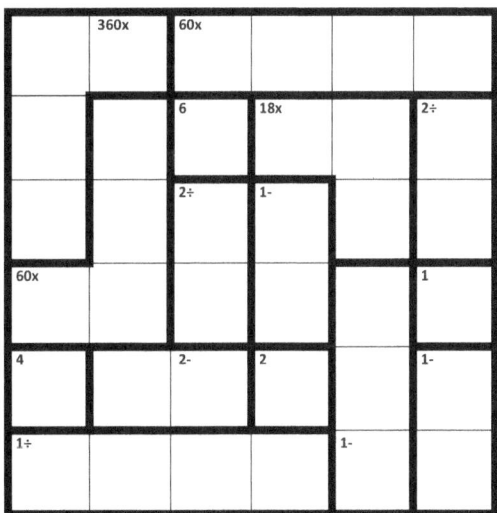

HARD - 500

HARD - 501

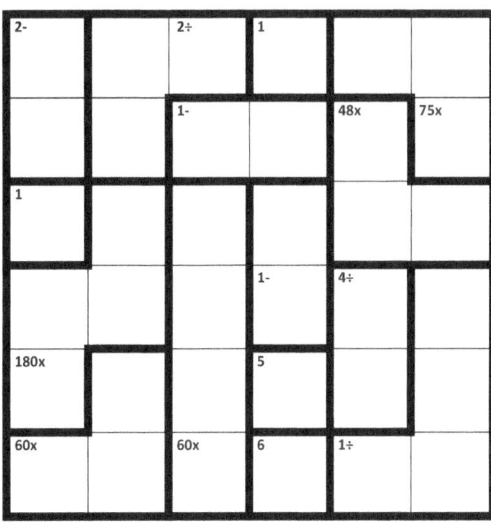

HARD - 502

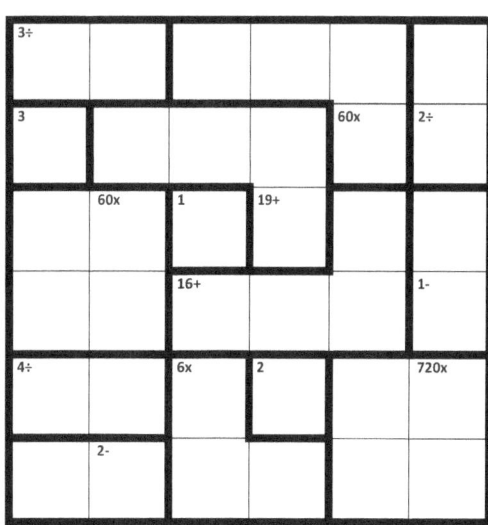

HARD - 503

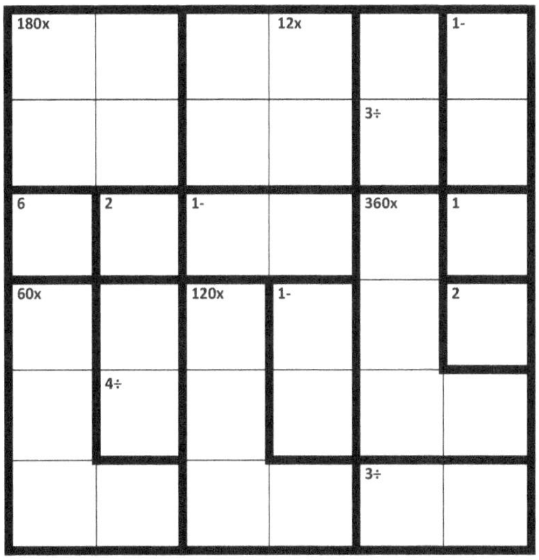

HARD - 504

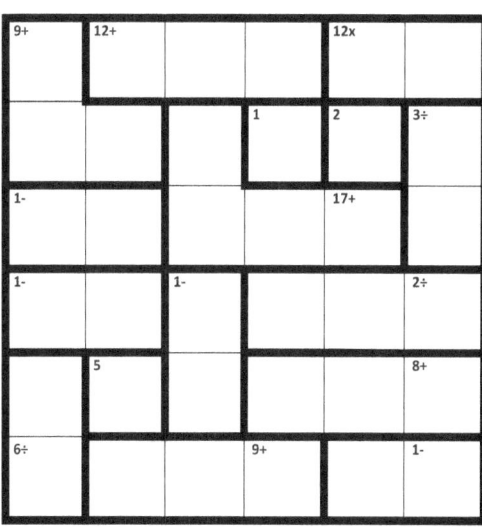

SOLUTIONS

EASY-1 (Solution)

2	3	1	4	5
1	2	4	5	3
4	5	3	1	2
3	4	5	2	1
5	1	2	3	4

EASY-2 (Solution)

5	3	1	2	4
4	2	5	1	3
2	5	4	3	1
1	4	3	5	2
3	1	2	4	5

EASY-3 (Solution)

2	4	3	5	1
4	5	1	3	2
3	1	4	2	5
1	2	5	4	3
5	3	2	1	4

EASY-4 (Solution)

3	1	2	4	5
2	3	5	1	4
5	4	3	2	1
4	2	1	5	3
1	5	4	3	2

EASY-5 (Solution)

4	5	3	2	1
2	4	1	5	3
5	1	4	3	2
3	2	5	1	4
1	3	2	4	5

EASY-6 (Solution)

4	2	5	1	3
5	3	2	4	1
2	1	4	3	5
3	4	1	5	2
1	5	3	2	4

EASY-7 (Solution)

3	5	2	1	4
2	4	1	3	5
5	1	4	2	3
4	2	3	5	1
1	3	5	4	2

EASY-8 (Solution)

1	4	3	5	2
5	1	2	4	3
3	5	4	2	1
2	3	5	1	4
4	2	1	3	5

EASY-9 (Solution)

4	1	5	2	3
3	4	2	1	5
1	2	3	5	4
2	5	4	3	1
5	3	1	4	2

EASY-10 (Solution)

5	3	4	1	2
3	4	5	2	1
1	2	3	5	4
2	5	1	4	3
4	1	2	3	5

EASY-11 (Solution)

3	1	2	5	4
2	5	3	4	1
4	3	1	2	5
5	2	4	1	3
1	4	5	3	2

EASY-12 (Solution)

4	1	3	2	5
5	2	1	4	3
1	4	5	3	2
3	5	2	1	4
2	3	4	5	1

EASY-13 (Solution)

4	2	5	3	1
1	3	4	2	5
5	1	3	4	2
3	5	2	1	4
2	4	1	5	3

EASY-14 (Solution)

1	2	5	4	3
4	5	3	2	1
5	3	2	1	4
2	4	1	3	5
3	1	4	5	2

EASY-15 (Solution)

5	3	2	1	4
2	1	4	5	3
1	5	3	4	2
4	2	5	3	1
3	4	1	2	5

EASY-16 (Solution)

4	1	3	5	2
2	4	1	3	5
1	5	2	4	3
3	2	5	1	4
5	3	4	2	1

EASY-17 (Solution)

2	5	1	3	4
1	3	4	2	5
3	4	5	1	2
4	2	3	5	1
5	1	2	4	3

EASY-18 (Solution)

1	4	3	5	2
5	1	2	3	4
2	5	4	1	3
4	3	5	2	1
3	2	1	4	5

EASY-19 (Solution)

2	4	5	1	3
5	2	3	4	1
1	3	2	5	4
4	5	1	3	2
3	1	4	2	5

EASY-20 (Solution)

5	3	1	4	2
1	5	4	2	3
4	2	5	3	1
2	4	3	1	5
3	1	2	5	4

EASY-21 (Solution)

3	4	5	2	1
5	1	4	3	2
1	5	2	4	3
4	2	3	1	5
2	3	1	5	4

EASY-22 (Solution)

3	1	2	5	4
1	4	3	2	5
4	3	5	1	2
2	5	4	3	1
5	2	1	4	3

EASY-23 (Solution)

5	1	3	4	2
3	4	2	5	1
2	3	5	1	4
1	5	4	2	3
4	2	1	3	5

EASY-24 (Solution)

5	3	1	4	2
3	5	4	2	1
2	1	5	3	4
4	2	3	1	5
1	4	2	5	3

EASY-25 (Solution)

3	1	5	2	4
5	2	4	3	1
1	4	3	5	2
4	5	2	1	3
2	3	1	4	5

EASY-26 (Solution)

5	2	4	1	3
1	4	5	3	2
3	5	2	4	1
4	3	1	2	5
2	1	3	5	4

EASY-27 (Solution)

5	3	1	2	4
2	1	4	5	3
3	4	2	1	5
1	5	3	4	2
4	2	5	3	1

EASY-28 (Solution)

4	3	2	5	1
5	2	1	3	4
1	5	3	4	2
2	4	5	1	3
3	1	4	2	5

EASY-29 (Solution)

1	5	2	3	4
2	1	5	4	3
5	4	3	1	2
3	2	4	5	1
4	3	1	2	5

EASY-30 (Solution)

3	4	5	2	1
4	2	1	5	3
5	1	2	3	4
2	3	4	1	5
1	5	3	4	2

EASY-31 (Solution)

1	2	4	3	5
2	4	5	1	3
5	3	1	2	4
3	5	2	4	1
4	1	3	5	2

EASY-32 (Solution)

3	5	2	1	4
1	3	4	2	5
5	4	1	3	2
4	2	3	5	1
2	1	5	4	3

EASY-33 (Solution)

2	3	1	5	4
3	1	2	4	5
1	4	5	2	3
5	2	4	3	1
4	5	3	1	2

EASY-34 (Solution)

1	5	3	2	4
5	1	2	4	3
3	4	1	5	2
2	3	4	1	5
4	2	5	3	1

EASY-35 (Solution)

2	4	3	1	5
1	5	2	4	3
5	1	4	3	2
3	2	1	5	4
4	3	5	2	1

EASY-36 (Solution)

4	2	3	5	1
5	1	2	3	4
1	3	4	2	5
2	4	5	1	3
3	5	1	4	2

EASY-37 (Solution)

4	3	1	2	5
5	2	4	1	3
1	5	2	3	4
2	4	3	5	1
3	1	5	4	2

EASY-38 (Solution)

2	4	5	3	1
5	1	3	4	2
1	2	4	5	3
4	3	2	1	5
3	5	1	2	4

EASY-39 (Solution)

4	5	2	3	1
5	1	3	4	2
1	3	4	2	5
3	2	1	5	4
2	4	5	1	3

EASY-40 (Solution)

1	2	4	3	5
4	5	3	2	1
2	3	5	1	4
3	4	1	5	2
5	1	2	4	3

EASY-41 (Solution)
3	5	1	2	4
2	4	5	3	1
1	3	4	5	2
5	1	2	4	3
4	2	3	1	5

EASY-42 (Solution)
3	2	5	4	1
4	3	2	1	5
2	1	3	5	4
1	5	4	3	2
5	4	1	2	3

EASY-43 (Solution)
4	5	3	2	1
5	2	4	1	3
2	3	1	5	4
3	1	5	4	2
1	4	2	3	5

EASY-44 (Solution)
3	1	2	4	5
4	3	5	1	2
1	2	3	5	4
2	5	4	3	1
5	4	1	2	3

EASY-45 (Solution)
1	5	2	3	4
5	4	3	1	2
3	2	4	5	1
2	3	1	4	5
4	1	5	2	3

EASY-46 (Solution)
3	5	2	1	4
1	2	5	4	3
2	1	4	3	5
4	3	1	5	2
5	4	3	2	1

EASY-47 (Solution)
5	3	2	1	4
4	1	3	5	2
2	5	4	3	1
3	2	1	4	5
1	4	5	2	3

EASY-48 (Solution)
4	5	2	1	3
3	2	1	4	5
2	1	3	5	4
1	4	5	3	2
5	3	4	2	1

EASY-49 (Solution)
1	4	2	5	3
2	5	1	3	4
5	3	4	2	1
3	1	5	4	2
4	2	3	1	5

EASY-50 (Solution)
5	3	1	4	2
1	5	2	3	4
4	1	3	2	5
2	4	5	1	3
3	2	4	5	1

EASY-51 (Solution)
1	2	3	4	5
3	4	5	2	1
5	1	2	3	4
4	3	1	5	2
2	5	4	1	3

EASY-52 (Solution)
5	4	2	3	1
2	5	1	4	3
4	2	3	1	5
3	1	5	2	4
1	3	4	5	2

EASY-53 (Solution)
5	2	4	1	3
1	3	2	5	4
2	4	5	3	1
4	1	3	2	5
3	5	1	4	2

EASY-54 (Solution)
1	3	4	5	2
3	5	2	1	4
2	1	3	4	5
4	2	5	3	1
5	4	1	2	3

EASY-55 (Solution)
5	3	2	4	1
3	2	1	5	4
4	1	5	3	2
1	4	3	2	5
2	5	4	1	3

EASY-56 (Solution)
4	5	2	1	3
1	4	3	5	2
3	2	5	4	1
2	1	4	3	5
5	3	1	2	4

EASY-57 (Solution)
5	4	2	3	1
3	2	1	5	4
1	5	3	4	2
4	1	5	2	3
2	3	4	1	5

EASY-58 (Solution)
1	2	4	5	3
2	5	1	3	4
3	4	5	1	2
4	1	3	2	5
5	3	2	4	1

EASY-59 (Solution)
4	3	1	2	5
5	2	3	4	1
2	4	5	1	3
3	1	4	5	2
1	5	2	3	4

EASY-60 (Solution)
1	3	5	2	4
5	1	4	3	2
2	5	3	4	1
4	2	1	5	3
3	4	2	1	5

EASY-61 (Solution)

3	2	5	1	4
2	1	3	4	5
5	4	1	2	3
4	3	2	5	1
1	5	4	3	2

EASY-62 (Solution)

5	3	2	4	1
3	4	1	5	2
2	5	3	1	4
4	1	5	2	3
1	2	4	3	5

EASY-63 (Solution)

1	2	5	3	4
3	5	4	1	2
4	1	2	5	3
5	4	3	2	1
2	3	1	4	5

EASY-64 (Solution)

3	5	4	2	1
5	4	1	3	2
4	2	5	1	3
1	3	2	5	4
2	1	3	4	5

EASY-65 (Solution)

2	5	1	4	3
5	3	2	1	4
1	4	5	3	2
3	1	4	2	5
4	2	3	5	1

EASY-66 (Solution)

5	1	4	2	3
2	4	5	3	1
3	5	1	4	2
1	2	3	5	4
4	3	2	1	5

EASY-67 (Solution)

1	4	5	3	2
4	1	3	2	5
3	2	4	5	1
5	3	2	1	4
2	5	1	4	3

EASY-68 (Solution)

2	1	5	3	4
5	3	1	4	2
1	4	3	2	5
3	2	4	5	1
4	5	2	1	3

EASY-69 (Solution)

1	4	2	5	3
5	2	1	3	4
4	5	3	1	2
3	1	4	2	5
2	3	5	4	1

EASY-70 (Solution)

3	2	4	5	1
5	4	3	1	2
1	5	2	3	4
2	3	1	4	5
4	1	5	2	3

EASY-71 (Solution)

5	4	3	1	2
3	5	2	4	1
2	3	1	5	4
1	2	4	3	5
4	1	5	2	3

EASY-72 (Solution)

4	2	1	5	3
1	4	3	2	5
5	1	4	3	2
3	5	2	4	1
2	3	5	1	4

EASY-73 (Solution)

2	1	3	4	5
1	3	4	5	2
5	4	1	2	3
3	2	5	1	4
4	5	2	3	1

EASY-74 (Solution)

4	5	1	3	2
2	3	5	4	1
5	1	4	2	3
1	2	3	5	4
3	4	2	1	5

EASY-75 (Solution)

4	1	2	3	5
1	3	5	2	4
2	4	1	5	3
5	2	3	4	1
3	5	4	1	2

EASY-76 (Solution)

3	4	5	1	2
2	1	3	4	5
4	3	2	5	1
5	2	1	3	4
1	5	4	2	3

EASY-77 (Solution)

3	4	5	1	2
5	3	4	2	1
2	1	3	4	5
1	5	2	3	4
4	2	1	5	3

EASY-78 (Solution)

5	3	2	4	1
4	1	5	2	3
3	5	4	1	2
2	4	1	3	5
1	2	3	5	4

EASY-79 (Solution)

2	1	5	3	4
5	4	3	1	2
4	2	1	5	3
3	5	2	4	1
1	3	4	2	5

EASY-80 (Solution)

2	5	1	4	3
5	3	4	2	1
1	4	3	5	2
4	1	2	3	5
3	2	5	1	4

EASY-81 (Solution)

4	3	2	5	1
3	5	4	1	2
5	1	3	2	4
1	2	5	4	3
2	4	1	3	5

EASY-82 (Solution)

4	3	1	2	5
2	5	3	1	4
5	2	4	3	1
3	1	5	4	2
1	4	2	5	3

EASY-83 (Solution)

3	4	5	1	2
2	3	1	5	4
4	5	3	2	1
5	1	2	4	3
1	2	4	3	5

EASY-84 (Solution)

1	3	2	5	4
2	5	3	4	1
3	1	4	2	5
4	2	5	1	3
5	4	1	3	2

EASY-85 (Solution)

4	2	5	3	1
1	5	4	2	3
3	4	2	1	5
2	1	3	5	4
5	3	1	4	2

EASY-86 (Solution)

2	1	3	5	4
3	5	1	4	2
5	2	4	1	3
1	4	2	3	5
4	3	5	2	1

EASY-87 (Solution)

1	4	2	5	3
5	1	3	2	4
3	5	4	1	2
4	2	5	3	1
2	3	1	4	5

EASY-88 (Solution)

3	4	5	1	2
5	2	1	4	3
4	5	2	3	1
2	1	3	5	4
1	3	4	2	5

EASY-89 (Solution)

2	4	3	5	1
1	5	2	3	4
5	3	1	4	2
4	1	5	2	3
3	2	4	1	5

EASY-90 (Solution)

3	5	4	2	1
2	1	5	3	4
1	3	2	4	5
5	4	3	1	2
4	2	1	5	3

EASY-91 (Solution)

2	5	3	1	4
4	3	1	2	5
3	4	2	5	1
1	2	5	4	3
5	1	4	3	2

EASY-92 (Solution)

4	1	5	3	2
1	5	2	4	3
3	2	4	5	1
5	3	1	2	4
2	4	3	1	5

EASY-93 (Solution)

5	4	2	3	1
2	3	1	4	5
1	5	3	2	4
3	1	4	5	2
4	2	5	1	3

EASY-94 (Solution)

5	2	3	4	1
4	3	5	1	2
2	1	4	5	3
1	4	2	3	5
3	5	1	2	4

EASY-95 (Solution)

4	3	5	2	1
3	2	1	4	5
1	4	3	5	2
5	1	2	3	4
2	5	4	1	3

EASY-96 (Solution)

5	1	2	3	4
2	5	4	1	3
3	4	1	5	2
1	2	3	4	5
4	3	5	2	1

EASY-97 (Solution)

4	1	3	2	5
5	4	2	3	1
2	5	1	4	3
3	2	5	1	4
1	3	4	5	2

EASY-98 (Solution)

1	4	2	5	3
4	1	3	2	5
2	5	4	3	1
5	3	1	4	2
3	2	5	1	4

EASY-99 (Solution)

3	4	5	1	2
1	5	3	2	4
2	3	4	5	1
4	1	2	3	5
5	2	1	4	3

EASY-100 (Solution)

5	2	4	1	3
4	3	2	5	1
1	5	3	4	2
2	4	1	3	5
3	1	5	2	4

EASY-101 (Solution)
1	4	2	5	3
5	2	3	4	1
3	5	1	2	4
4	3	5	1	2
2	1	4	3	5

EASY-102 (Solution)
5	1	4	3	2
3	4	2	1	5
4	3	5	2	1
1	2	3	5	4
2	5	1	4	3

EASY-103 (Solution)
2	1	3	4	5
1	5	4	2	3
5	4	2	3	1
4	3	1	5	2
3	2	5	1	4

EASY-104 (Solution)
1	3	5	4	2
4	5	2	1	3
5	2	4	3	1
2	1	3	5	4
3	4	1	2	5

EASY-105 (Solution)
3	5	4	2	1
4	1	5	3	2
1	4	2	5	3
2	3	1	4	5
5	2	3	1	4

EASY-106 (Solution)
3	2	5	4	1
4	1	3	5	2
2	5	4	1	3
5	3	1	2	4
1	4	2	3	5

EASY-107 (Solution)
3	4	1	5	2
4	3	5	2	1
5	2	3	1	4
1	5	2	4	3
2	1	4	3	5

EASY-108 (Solution)
2	4	3	5	1
1	2	5	4	3
4	1	2	3	5
5	3	4	1	2
3	5	1	2	4

EASY-109 (Solution)
1	4	5	2	3
2	1	3	5	4
5	3	2	4	1
3	2	4	1	5
4	5	1	3	2

EASY-110 (Solution)
4	3	2	1	5
1	5	4	3	2
3	1	5	2	4
5	2	3	4	1
2	4	1	5	3

EASY-111 (Solution)
3	4	5	2	1
2	1	3	4	5
5	3	4	1	2
4	2	1	5	3
1	5	2	3	4

EASY-112 (Solution)
2	3	1	4	5
5	4	2	3	1
1	5	3	2	4
4	2	5	1	3
3	1	4	5	2

EASY-113 (Solution)
2	4	3	5	1
5	2	4	1	3
1	3	2	4	5
4	5	1	3	2
3	1	5	2	4

EASY-114 (Solution)
4	1	2	5	3
1	3	4	2	5
5	4	1	3	2
2	5	3	1	4
3	2	5	4	1

EASY-115 (Solution)
1	5	2	4	3
4	2	1	3	5
2	1	3	5	4
3	4	5	1	2
5	3	4	2	1

EASY-116 (Solution)
3	2	1	4	5
2	3	4	5	1
1	4	5	2	3
5	1	2	3	4
4	5	3	1	2

EASY-117 (Solution)
3	1	4	2	5
1	2	5	4	3
4	5	3	1	2
5	4	2	3	1
2	3	1	5	4

EASY-118 (Solution)
1	4	5	3	2
2	5	3	4	1
4	3	2	1	5
3	2	1	5	4
5	1	4	2	3

EASY-119 (Solution)
1	5	4	2	3
5	4	2	3	1
2	1	3	4	5
4	3	5	1	2
3	2	1	5	4

EASY-120 (Solution)
1	4	2	3	5
3	1	5	4	2
2	3	4	5	1
4	5	1	2	3
5	2	3	1	4

MEDIUM-121 (Solution)

1	4	5	2	3
2	1	3	4	5
4	3	2	5	1
5	2	1	3	4
3	5	4	1	2

MEDIUM-122 (Solution)

3	4	1	2	5
5	1	3	4	2
2	3	4	5	1
1	2	5	3	4
4	5	2	1	3

MEDIUM-123 (Solution)

3	4	5	1	2
4	3	2	5	1
5	1	3	2	4
2	5	1	4	3
1	2	4	3	5

MEDIUM-124 (Solution)

5	2	3	1	4
2	1	4	3	5
3	4	5	2	1
4	3	1	5	2
1	5	2	4	3

MEDIUM-125 (Solution)

2	4	5	1	3
5	3	1	4	2
4	5	3	2	1
1	2	4	3	5
3	1	2	5	4

MEDIUM-126 (Solution)

3	2	1	4	5
2	5	4	1	3
5	4	2	3	1
4	1	3	5	2
1	3	5	2	4

MEDIUM-127 (Solution)

1	5	3	2	4
3	1	4	5	2
5	4	2	1	3
2	3	1	4	5
4	2	5	3	1

MEDIUM-128 (Solution)

5	1	3	2	4
4	5	1	3	2
1	2	4	5	3
3	4	2	1	5
2	3	5	4	1

MEDIUM-129 (Solution)

2	4	5	3	1
4	5	2	1	3
3	1	4	5	2
5	3	1	2	4
1	2	3	4	5

MEDIUM-130 (Solution)

1	3	4	2	5
3	4	5	1	2
5	2	3	4	1
2	5	1	3	4
4	1	2	5	3

MEDIUM-131 (Solution)

4	2	5	1	3
1	5	3	2	4
2	3	1	4	5
3	1	4	5	2
5	4	2	3	1

MEDIUM-132 (Solution)

1	5	4	3	2
3	1	5	2	4
5	2	1	4	3
2	4	3	5	1
4	3	2	1	5

MEDIUM-133 (Solution)

5	3	1	2	4
1	4	5	3	2
4	5	2	1	3
3	2	4	5	1
2	1	3	4	5

MEDIUM-134 (Solution)

3	1	5	4	2
2	4	3	5	1
1	5	2	3	4
4	3	1	2	5
5	2	4	1	3

MEDIUM-135 (Solution)

5	4	1	2	3
4	3	2	1	5
2	1	3	5	4
3	2	5	4	1
1	5	4	3	2

MEDIUM-136 (Solution)

4	5	2	3	1
3	1	4	2	5
2	3	1	5	4
5	4	3	1	2
1	2	5	4	3

MEDIUM-137 (Solution)

5	3	1	2	4
4	2	3	5	1
1	5	4	3	2
3	4	2	1	5
2	1	5	4	3

MEDIUM-138 (Solution)

5	1	4	2	3
1	5	2	3	4
2	4	3	1	5
4	3	1	5	2
3	2	5	4	1

MEDIUM-139 (Solution)

2	1	5	4	3
5	3	4	1	2
1	4	3	2	5
4	5	2	3	1
3	2	1	5	4

MEDIUM-140 (Solution)

3	2	4	5	1
1	4	5	2	3
2	5	1	3	4
4	3	2	1	5
5	1	3	4	2

MEDIUM-141 (Solution)

1	3	5	2	4
4	5	2	1	3
2	1	3	4	5
3	2	4	5	1
5	4	1	3	2

MEDIUM-142 (Solution)

5	3	4	2	1
4	5	2	1	3
1	4	5	3	2
2	1	3	5	4
3	2	1	4	5

MEDIUM-143 (Solution)

3	5	4	2	1
1	4	5	3	2
2	1	3	4	5
4	2	1	5	3
5	3	2	1	4

MEDIUM-144 (Solution)

5	3	4	2	1
4	2	1	5	3
1	4	2	3	5
2	5	3	1	4
3	1	5	4	2

MEDIUM-145 (Solution)

4	1	5	3	2
1	4	2	5	3
3	5	4	2	1
2	3	1	4	5
5	2	3	1	4

MEDIUM-146 (Solution)

4	3	2	1	5
1	5	3	2	4
2	4	1	5	3
3	1	5	4	2
5	2	4	3	1

MEDIUM-147 (Solution)

1	3	5	2	4
2	4	3	1	5
5	1	4	3	2
3	5	2	4	1
4	2	1	5	3

MEDIUM-148 (Solution)

1	2	5	3	4
5	1	3	4	2
2	5	4	1	3
3	4	2	5	1
4	3	1	2	5

MEDIUM-149 (Solution)

1	5	2	4	3
4	1	5	3	2
3	4	1	2	5
2	3	4	5	1
5	2	3	1	4

MEDIUM-150 (Solution)

1	2	3	5	4
4	3	5	1	2
3	4	1	2	5
2	5	4	3	1
5	1	2	4	3

MEDIUM-151 (Solution)

3	2	5	1	4
1	4	2	5	3
5	3	1	4	2
2	5	4	3	1
4	1	3	2	5

MEDIUM-152 (Solution)

2	3	5	4	1
3	4	1	5	2
4	2	3	1	5
5	1	4	2	3
1	5	2	3	4

MEDIUM-153 (Solution)

4	1	3	5	2
3	2	5	1	4
5	4	1	2	3
1	3	2	4	5
2	5	4	3	1

MEDIUM-154 (Solution)

4	3	2	5	1
2	1	4	3	5
1	5	3	4	2
3	2	5	1	4
5	4	1	2	3

MEDIUM-155 (Solution)

2	3	1	5	4
3	4	5	2	1
4	5	2	1	3
5	1	4	3	2
1	2	3	4	5

MEDIUM-156 (Solution)

1	2	4	5	3
4	5	3	2	1
5	1	2	3	4
2	3	1	4	5
3	4	5	1	2

MEDIUM-157 (Solution)

1	3	5	4	2
5	1	2	3	4
2	4	1	5	3
3	5	4	2	1
4	2	3	1	5

MEDIUM-158 (Solution)

3	2	1	4	5
2	3	4	5	1
5	1	2	3	4
1	4	5	2	3
4	5	3	1	2

MEDIUM-159 (Solution)

2	4	3	1	5
4	5	1	2	3
5	1	4	3	2
3	2	5	4	1
1	3	2	5	4

MEDIUM-160 (Solution)

5	2	3	4	1
4	3	1	5	2
1	5	2	3	4
3	1	4	2	5
2	4	5	1	3

MEDIUM-161 (Solution)

4	2	1	5	3
5	3	2	1	4
2	1	3	4	5
1	4	5	3	2
3	5	4	2	1

MEDIUM-162 (Solution)

2	5	1	3	4
3	4	5	2	1
4	1	2	5	3
5	3	4	1	2
1	2	3	4	5

MEDIUM-163 (Solution)

3	1	5	4	2
2	4	1	3	5
4	5	2	1	3
1	2	3	5	4
5	3	4	2	1

MEDIUM-164 (Solution)

2	4	3	1	5
5	3	2	4	1
3	2	1	5	4
1	5	4	2	3
4	1	5	3	2

MEDIUM-165 (Solution)

1	3	4	5	2
3	5	1	2	4
5	1	2	4	3
2	4	5	3	1
4	2	3	1	5

MEDIUM-166 (Solution)

4	2	1	5	3
3	4	2	1	5
2	5	3	4	1
1	3	5	2	4
5	1	4	3	2

MEDIUM-167 (Solution)

3	5	1	4	2
4	3	2	1	5
1	4	5	2	3
5	2	4	3	1
2	1	3	5	4

MEDIUM-168 (Solution)

5	1	3	2	4
3	2	1	4	5
4	5	2	3	1
1	3	4	5	2
2	4	5	1	3

MEDIUM-169 (Solution)

2	4	3	5	1
4	1	2	3	5
3	5	1	2	4
1	3	5	4	2
5	2	4	1	3

MEDIUM-170 (Solution)

2	3	4	5	1
5	1	3	2	4
4	2	5	1	3
3	5	1	4	2
1	4	2	3	5

MEDIUM-171 (Solution)

5	3	1	2	4
4	2	3	5	1
3	4	5	1	2
1	5	2	4	3
2	1	4	3	5

MEDIUM-172 (Solution)

3	2	1	4	5
5	3	4	2	1
1	4	3	5	2
2	1	5	3	4
4	5	2	1	3

MEDIUM-173 (Solution)

3	1	4	2	5
2	4	5	1	3
1	5	3	4	2
5	2	1	3	4
4	3	2	5	1

MEDIUM-174 (Solution)

5	4	1	3	2
2	1	3	4	5
3	2	5	1	4
1	5	4	2	3
4	3	2	5	1

MEDIUM-175 (Solution)

4	1	2	5	3
1	5	4	3	2
5	4	3	2	1
3	2	5	1	4
2	3	1	4	5

MEDIUM-176 (Solution)

3	4	5	2	1
1	2	3	5	4
2	5	1	4	3
4	1	2	3	5
5	3	4	1	2

MEDIUM-177 (Solution)

4	3	2	1	5
2	1	4	5	3
3	2	5	4	1
1	5	3	2	4
5	4	1	3	2

MEDIUM-178 (Solution)

3	4	1	5	2
1	2	5	3	4
5	3	2	4	1
4	1	3	2	5
2	5	4	1	3

MEDIUM-179 (Solution)

3	1	4	5	2
2	5	3	4	1
5	4	2	1	3
1	3	5	2	4
4	2	1	3	5

MEDIUM-180 (Solution)

4	3	1	2	5
5	1	2	4	3
3	2	4	5	1
2	5	3	1	4
1	4	5	3	2

MEDIUM-181 (Solution)

5	2	4	1	3
4	3	5	2	1
2	1	3	4	5
3	4	1	5	2
1	5	2	3	4

MEDIUM-182 (Solution)

1	3	5	2	4
4	2	3	1	5
3	5	2	4	1
2	1	4	5	3
5	4	1	3	2

MEDIUM-183 (Solution)

4	1	5	3	2
3	5	2	1	4
2	4	1	5	3
5	3	4	2	1
1	2	3	4	5

MEDIUM-184 (Solution)

2	4	5	3	1
4	3	2	1	5
5	2	1	4	3
1	5	3	2	4
3	1	4	5	2

MEDIUM-185 (Solution)

1	5	3	2	4
3	1	5	4	2
2	4	1	5	3
5	2	4	3	1
4	3	2	1	5

MEDIUM-186 (Solution)

1	2	4	3	5
4	1	2	5	3
3	4	5	1	2
2	5	3	4	1
5	3	1	2	4

MEDIUM-187 (Solution)

1	2	4	3	5
2	1	5	4	3
4	3	2	5	1
3	5	1	2	4
5	4	3	1	2

MEDIUM-188 (Solution)

2	4	1	5	3
3	2	4	1	5
4	1	5	3	2
5	3	2	4	1
1	5	3	2	4

MEDIUM-189 (Solution)

1	5	4	2	3
4	3	5	1	2
3	2	1	4	5
2	1	3	5	4
5	4	2	3	1

MEDIUM-190 (Solution)

3	5	1	2	4
2	1	4	5	3
4	2	3	1	5
1	4	5	3	2
5	3	2	4	1

MEDIUM-191 (Solution)

3	1	4	5	2
5	3	1	2	4
2	4	5	3	1
4	5	2	1	3
1	2	3	4	5

MEDIUM-192 (Solution)

2	5	3	1	4
4	2	5	3	1
3	4	1	5	2
5	1	2	4	3
1	3	4	2	5

MEDIUM-193 (Solution)

2	1	4	3	5
5	3	1	4	2
4	5	2	1	3
1	2	3	5	4
3	4	5	2	1

MEDIUM-194 (Solution)

2	3	1	5	4
4	2	5	1	3
5	4	3	2	1
3	1	2	4	5
1	5	4	3	2

MEDIUM-195 (Solution)

5	3	4	1	2
1	2	5	4	3
4	1	2	3	5
2	4	3	5	1
3	5	1	2	4

MEDIUM-196 (Solution)

4	1	2	3	5
5	2	1	4	3
3	5	4	1	2
1	3	5	2	4
2	4	3	5	1

MEDIUM-197 (Solution)

2	3	4	5	1
3	5	1	4	2
4	1	3	2	5
5	4	2	1	3
1	2	5	3	4

MEDIUM-198 (Solution)

2	3	1	5	4
1	5	4	2	3
4	1	2	3	5
5	4	3	1	2
3	2	5	4	1

MEDIUM-199 (Solution)

5	2	4	3	1
2	4	1	5	3
1	3	5	4	2
3	5	2	1	4
4	1	3	2	5

MEDIUM-200 (Solution)

4	5	2	1	3
5	2	4	3	1
3	4	1	5	2
2	1	3	4	5
1	3	5	2	4

MEDIUM-201 (Solution)

3	1	2	4	5
4	3	5	2	1
5	4	1	3	2
2	5	4	1	3
1	2	3	5	4

MEDIUM-202 (Solution)

2	4	5	1	3
3	5	1	2	4
5	3	2	4	1
1	2	4	3	5
4	1	3	5	2

MEDIUM-203 (Solution)

1	4	3	2	5
2	5	1	4	3
5	3	2	1	4
4	1	5	3	2
3	2	4	5	1

MEDIUM-204 (Solution)

5	4	3	2	1
3	5	4	1	2
2	1	5	3	4
4	2	1	5	3
1	3	2	4	5

MEDIUM-205 (Solution)

1	2	3	5	4
3	4	5	2	1
5	1	4	3	2
2	5	1	4	3
4	3	2	1	5

MEDIUM-206 (Solution)

4	2	5	1	3
5	4	2	3	1
2	3	1	4	5
3	1	4	5	2
1	5	3	2	4

MEDIUM-207 (Solution)

4	1	3	5	2
3	5	2	4	1
1	2	4	3	5
2	3	5	1	4
5	4	1	2	3

MEDIUM-208 (Solution)

1	2	5	3	4
4	1	3	5	2
2	5	4	1	3
5	3	2	4	1
3	4	1	2	5

MEDIUM-209 (Solution)

5	3	1	4	2
4	5	2	1	3
2	4	3	5	1
3	1	4	2	5
1	2	5	3	4

MEDIUM-210 (Solution)

4	3	1	5	2
3	4	5	2	1
5	1	2	3	4
1	2	3	4	5
2	5	4	1	3

MEDIUM-211 (Solution)

1	5	3	4	2
4	2	5	1	3
5	3	1	2	4
2	1	4	3	5
3	4	2	5	1

MEDIUM-212 (Solution)

4	2	1	3	5
5	1	2	4	3
2	5	3	1	4
1	3	4	5	2
3	4	5	2	1

MEDIUM-213 (Solution)

1	5	2	3	4
5	3	4	2	1
2	4	1	5	3
3	1	5	4	2
4	2	3	1	5

MEDIUM-214 (Solution)

3	5	4	2	1
5	4	1	3	2
1	3	2	5	4
4	2	3	1	5
2	1	5	4	3

MEDIUM-215 (Solution)

1	2	3	5	4
3	5	1	4	2
5	3	4	2	1
2	4	5	1	3
4	1	2	3	5

MEDIUM-216 (Solution)

2	3	1	5	4
1	4	3	2	5
3	1	5	4	2
5	2	4	1	3
4	5	2	3	1

MEDIUM-217 (Solution)

2	4	1	5	3
5	1	2	3	4
1	3	5	4	2
4	2	3	1	5
3	5	4	2	1

MEDIUM-218 (Solution)

3	5	4	1	2
1	2	3	5	4
4	3	5	2	1
2	4	1	3	5
5	1	2	4	3

MEDIUM-219 (Solution)

3	5	4	1	2
4	3	5	2	1
1	2	3	5	4
2	4	1	3	5
5	1	2	4	3

MEDIUM-220 (Solution)

5	2	1	4	3
1	3	4	5	2
3	4	2	1	5
4	5	3	2	1
2	1	5	3	4

MEDIUM-221 (Solution)

2	1	4	5	3
4	5	3	2	1
5	3	2	1	4
1	4	5	3	2
3	2	1	4	5

MEDIUM-222 (Solution)

5	4	2	3	1
4	1	3	5	2
1	5	4	2	3
3	2	1	4	5
2	3	5	1	4

MEDIUM-223 (Solution)

2	3	1	4	5
1	5	4	2	3
4	1	3	5	2
3	2	5	1	4
5	4	2	3	1

MEDIUM-224 (Solution)

2	3	1	4	5
4	1	5	2	3
5	4	3	1	2
3	2	4	5	1
1	5	2	3	4

MEDIUM-225 (Solution)

1	4	3	2	5
4	2	1	5	3
2	1	5	3	4
3	5	2	4	1
5	3	4	1	2

MEDIUM-226 (Solution)

1	4	3	2	5
3	2	5	1	4
2	1	4	5	3
4	5	2	3	1
5	3	1	4	2

MEDIUM-227 (Solution)

2	3	4	1	5
5	1	2	4	3
4	5	1	3	2
1	2	3	5	4
3	4	5	2	1

MEDIUM-228 (Solution)

3	1	4	2	5
4	5	2	1	3
2	4	5	3	1
5	3	1	4	2
1	2	3	5	4

MEDIUM-229 (Solution)

1	2	4	3	5
5	1	3	4	2
2	3	5	1	4
3	4	2	5	1
4	5	1	2	3

MEDIUM-230 (Solution)

5	2	3	1	4
1	4	5	2	3
2	1	4	3	5
3	5	1	4	2
4	3	2	5	1

MEDIUM-231 (Solution)

2	5	4	1	3
4	2	1	3	5
5	3	2	4	1
1	4	3	5	2
3	1	5	2	4

MEDIUM-232 (Solution)

5	4	2	3	1
1	2	3	5	4
2	3	4	1	5
4	1	5	2	3
3	5	1	4	2

MEDIUM-233 (Solution)

5	1	4	2	3
3	4	2	5	1
4	2	1	3	5
1	3	5	4	2
2	5	3	1	4

MEDIUM-234 (Solution)

1	5	4	3	2
5	2	3	1	4
3	4	5	2	1
4	1	2	5	3
2	3	1	4	5

MEDIUM-235 (Solution)

5	4	3	1	2
2	5	1	4	3
1	3	4	2	5
4	2	5	3	1
3	1	2	5	4

MEDIUM-236 (Solution)

1	2	5	4	3
2	4	1	3	5
4	3	2	5	1
3	5	4	1	2
5	1	3	2	4

MEDIUM-237 (Solution)

4	1	2	3	5
3	2	5	1	4
1	5	3	4	2
2	3	4	5	1
5	4	1	2	3

MEDIUM-238 (Solution)

1	3	5	2	4
5	2	3	4	1
2	4	1	3	5
4	5	2	1	3
3	1	4	5	2

MEDIUM-239 (Solution)

5	2	3	4	1
1	4	2	5	3
2	1	5	3	4
4	3	1	2	5
3	5	4	1	2

MEDIUM-240 (Solution)

5	2	1	4	3
3	4	2	5	1
4	1	5	3	2
1	3	4	2	5
2	5	3	1	4

MEDIUM-241 (Solution)
1	3	5	2	4
5	4	3	1	2
4	1	2	5	3
2	5	4	3	1
3	2	1	4	5

MEDIUM-242 (Solution)
2	1	3	4	5
5	4	1	3	2
3	2	5	1	4
1	5	4	2	3
4	3	2	5	1

MEDIUM-243 (Solution)
1	2	5	4	3
2	4	3	5	1
5	1	4	3	2
3	5	2	1	4
4	3	1	2	5

MEDIUM-244 (Solution)
1	3	5	2	4
4	2	3	1	5
3	5	1	4	2
5	4	2	3	1
2	1	4	5	3

MEDIUM-245 (Solution)
3	5	4	1	2
4	3	2	5	1
1	4	3	2	5
2	1	5	4	3
5	2	1	3	4

MEDIUM-246 (Solution)
1	2	4	5	3
5	3	1	2	4
3	5	2	4	1
2	4	3	1	5
4	1	5	3	2

MEDIUM-247 (Solution)
2	3	1	5	4
3	2	4	1	5
4	1	5	2	3
5	4	2	3	1
1	5	3	4	2

MEDIUM-248 (Solution)
5	2	1	4	3
3	5	4	1	2
4	1	3	2	5
1	3	2	5	4
2	4	5	3	1

MEDIUM-249 (Solution)
1	2	4	3	5
3	4	5	2	1
2	3	1	5	4
4	5	2	1	3
5	1	3	4	2

MEDIUM-250 (Solution)
1	5	4	3	2
2	3	5	1	4
4	1	2	5	3
5	4	3	2	1
3	2	1	4	5

MEDIUM-251 (Solution)
4	5	3	1	2
1	2	5	3	4
2	1	4	5	3
3	4	1	2	5
5	3	2	4	1

MEDIUM-252 (Solution)
5	3	2	4	1
2	4	1	5	3
4	5	3	1	2
1	2	4	3	5
3	1	5	2	4

MEDIUM-253 (Solution)
3	2	1	5	4
2	4	3	1	5
1	5	4	3	2
4	1	5	2	3
5	3	2	4	1

MEDIUM-254 (Solution)
2	3	5	4	1
4	5	2	1	3
3	4	1	2	5
1	2	3	5	4
5	1	4	3	2

MEDIUM-255 (Solution)
2	1	4	3	5
5	2	1	4	3
4	5	3	1	2
1	3	5	2	4
3	4	2	5	1

MEDIUM-256 (Solution)
1	2	3	5	4
4	5	1	3	2
5	3	2	4	1
2	4	5	1	3
3	1	4	2	5

MEDIUM-257 (Solution)
4	5	1	3	2
2	1	5	4	3
3	4	2	1	5
5	3	4	2	1
1	2	3	5	4

MEDIUM-258 (Solution)
1	4	3	2	5
2	5	4	3	1
4	3	1	5	2
5	1	2	4	3
3	2	5	1	4

MEDIUM-259 (Solution)
1	4	2	5	3
2	5	3	4	1
3	2	5	1	4
5	1	4	3	2
4	3	1	2	5

MEDIUM-260 (Solution)
4	1	2	5	3
5	3	1	2	4
3	4	5	1	2
1	2	3	4	5
2	5	4	3	1

MEDIUM-261 (Solution)

4	5	3	1	2
1	2	5	3	4
3	4	1	2	5
5	1	2	4	3
2	3	4	5	1

MEDIUM-262 (Solution)

3	4	5	1	2
5	2	1	4	3
2	5	4	3	1
1	3	2	5	4
4	1	3	2	5

MEDIUM-263 (Solution)

1	4	2	3	5
5	3	1	2	4
4	2	5	1	3
2	5	3	4	1
3	1	4	5	2

MEDIUM-264 (Solution)

4	1	5	3	2
1	5	2	4	3
3	2	4	1	5
2	3	1	5	4
5	4	3	2	1

MEDIUM-265 (Solution)

2	4	3	1	5
5	1	2	3	4
4	5	1	2	3
1	3	5	4	2
3	2	4	5	1

MEDIUM-266 (Solution)

3	4	2	1	5
4	2	1	5	3
1	3	5	4	2
5	1	3	2	4
2	5	4	3	1

MEDIUM-267 (Solution)

4	3	1	2	5
5	1	4	3	2
2	4	3	5	1
1	2	5	4	3
3	5	2	1	4

MEDIUM-268 (Solution)

4	1	3	5	2
3	2	5	4	1
1	3	4	2	5
2	5	1	3	4
5	4	2	1	3

MEDIUM-269 (Solution)

5	1	4	2	3
1	5	3	4	2
3	4	2	5	1
2	3	5	1	4
4	2	1	3	5

MEDIUM-270 (Solution)

3	1	5	4	2
2	4	3	1	5
4	5	2	3	1
5	3	1	2	4
1	2	4	5	3

MEDIUM-271 (Solution)

3	5	2	4	1
1	2	5	3	4
5	4	3	1	2
2	1	4	5	3
4	3	1	2	5

MEDIUM-272 (Solution)

3	5	1	2	4
5	3	2	4	1
2	1	4	5	3
4	2	3	1	5
1	4	5	3	2

MEDIUM-273 (Solution)

4	2	5	3	1
5	4	1	2	3
2	1	3	5	4
3	5	4	1	2
1	3	2	4	5

MEDIUM-274 (Solution)

4	5	2	1	3
1	4	3	5	2
2	1	4	3	5
3	2	5	4	1
5	3	1	2	4

MEDIUM-275 (Solution)

3	1	5	2	4
4	2	3	1	5
1	4	2	5	3
5	3	1	4	2
2	5	4	3	1

MEDIUM-276 (Solution)

4	1	3	5	2
3	4	5	2	1
1	5	2	3	4
2	3	4	1	5
5	2	1	4	3

MEDIUM-277 (Solution)

5	1	3	4	2
1	2	5	3	4
4	5	1	2	3
2	3	4	1	5
3	4	2	5	1

MEDIUM-278 (Solution)

2	5	1	4	3
4	1	2	3	5
1	3	5	2	4
5	4	3	1	2
3	2	4	5	1

MEDIUM-279 (Solution)

2	5	4	1	3
5	3	1	4	2
1	2	5	3	4
3	4	2	5	1
4	1	3	2	5

MEDIUM-280 (Solution)

1	4	5	3	2
5	2	3	1	4
4	3	2	5	1
2	5	1	4	3
3	1	4	2	5

MEDIUM-281 (Solution)

2	1	4	5	3
4	3	5	2	1
5	2	1	3	4
3	4	2	1	5
1	5	3	4	2

MEDIUM-282 (Solution)

1	2	3	5	4
3	1	4	2	5
2	5	1	4	3
5	4	2	3	1
4	3	5	1	2

MEDIUM-283 (Solution)

3	5	1	2	4
1	2	4	3	5
4	3	5	1	2
5	1	2	4	3
2	4	3	5	1

MEDIUM-284 (Solution)

4	5	2	1	3
2	4	5	3	1
3	2	1	5	4
5	1	3	4	2
1	3	4	2	5

MEDIUM-285 (Solution)

4	3	2	5	1
5	4	1	3	2
1	2	5	4	3
2	5	3	1	4
3	1	4	2	5

MEDIUM-286 (Solution)

1	5	3	2	4
3	4	2	5	1
2	1	4	3	5
4	2	5	1	3
5	3	1	4	2

MEDIUM-287 (Solution)

3	4	1	2	5
2	1	5	4	3
4	3	2	5	1
5	2	3	1	4
1	5	4	3	2

MEDIUM-288 (Solution)

1	3	2	5	4
4	2	1	3	5
5	4	3	2	1
2	1	5	4	3
3	5	4	1	2

MEDIUM-289 (Solution)

1	4	2	5	3
3	5	4	1	2
4	2	5	3	1
2	1	3	4	5
5	3	1	2	4

MEDIUM-290 (Solution)

5	4	1	2	3
3	2	4	5	1
4	1	5	3	2
2	5	3	1	4
1	3	2	4	5

MEDIUM-291 (Solution)

1	4	2	3	5
3	2	1	5	4
2	1	5	4	3
4	5	3	1	2
5	3	4	2	1

MEDIUM-292 (Solution)

5	2	1	4	3
1	3	4	5	2
2	5	3	1	4
3	4	5	2	1
4	1	2	3	5

MEDIUM-293 (Solution)

3	1	2	5	4
4	5	3	1	2
5	3	4	2	1
2	4	1	3	5
1	2	5	4	3

MEDIUM-294 (Solution)

3	4	2	1	5
5	2	3	4	1
2	3	1	5	4
1	5	4	2	3
4	1	5	3	2

MEDIUM-295 (Solution)

1	5	2	4	3
3	4	1	2	5
2	1	5	3	4
4	2	3	5	1
5	3	4	1	2

MEDIUM-296 (Solution)

2	1	5	4	3
1	2	4	3	5
4	5	3	2	1
5	3	2	1	4
3	4	1	5	2

MEDIUM-297 (Solution)

5	4	2	1	3
3	5	1	4	2
4	1	3	2	5
2	3	4	5	1
1	2	5	3	4

MEDIUM-298 (Solution)

4	3	5	2	1
3	1	2	5	4
5	4	3	1	2
1	2	4	3	5
2	5	1	4	3

MEDIUM-299 (Solution)

1	2	5	3	4
5	3	4	2	1
3	4	2	1	5
2	5	1	4	3
4	1	3	5	2

MEDIUM-300 (Solution)

1	4	3	2	5
3	1	4	5	2
5	3	2	4	1
4	2	5	1	3
2	5	1	3	4

MEDIUM-301 (Solution)

5	4	3	2	1
4	1	2	3	5
3	5	1	4	2
1	2	4	5	3
2	3	5	1	4

MEDIUM-302 (Solution)

5	2	1	3	4
1	3	5	4	2
2	5	4	1	3
3	4	2	5	1
4	1	3	2	5

MEDIUM-303 (Solution)

5	3	2	4	1
2	5	4	1	3
1	4	3	5	2
3	1	5	2	4
4	2	1	3	5

MEDIUM-304 (Solution)

4	2	1	5	3
1	4	2	3	5
3	1	5	2	4
5	3	4	1	2
2	5	3	4	1

MEDIUM-305 (Solution)

4	2	3	1	5
2	3	1	5	4
5	1	2	4	3
1	4	5	3	2
3	5	4	2	1

MEDIUM-306 (Solution)

1	2	4	3	5
2	1	5	4	3
3	4	1	5	2
4	5	3	2	1
5	3	2	1	4

MEDIUM-307 (Solution)

1	5	4	3	2
4	2	5	1	3
3	4	2	5	1
2	3	1	4	5
5	1	3	2	4

MEDIUM-308 (Solution)

3	4	5	2	1
4	2	1	5	3
5	1	4	3	2
1	3	2	4	5
2	5	3	1	4

MEDIUM-309 (Solution)

2	1	5	3	4
1	4	2	5	3
3	2	1	4	5
5	3	4	2	1
4	5	3	1	2

MEDIUM-310 (Solution)

2	4	3	1	5
5	2	1	4	3
3	1	5	2	4
4	5	2	3	1
1	3	4	5	2

MEDIUM-311 (Solution)

4	1	5	3	2
1	4	3	2	5
2	5	1	4	3
5	3	2	1	4
3	2	4	5	1

MEDIUM-312 (Solution)

4	2	3	1	5
2	3	5	4	1
1	5	4	2	3
3	1	2	5	4
5	4	1	3	2

MEDIUM-313 (Solution)

5	1	2	3	4
1	4	3	2	5
3	5	4	1	2
2	3	5	4	1
4	2	1	5	3

MEDIUM-314 (Solution)

3	1	2	5	4
5	4	3	1	2
2	5	1	4	3
1	3	4	2	5
4	2	5	3	1

MEDIUM-315 (Solution)

2	1	5	3	4
5	3	2	4	1
3	5	4	1	2
1	4	3	2	5
4	2	1	5	3

MEDIUM-316 (Solution)

2	4	5	3	1
3	5	1	2	4
4	3	2	1	5
1	2	4	5	3
5	1	3	4	2

MEDIUM-317 (Solution)

3	2	4	1	5
4	3	1	5	2
5	4	3	2	1
1	5	2	3	4
2	1	5	4	3

MEDIUM-318 (Solution)

3	1	2	4	5
2	3	1	5	4
4	5	3	1	2
1	4	5	2	3
5	2	4	3	1

MEDIUM-319 (Solution)

4	3	1	2	5
1	5	2	3	4
3	2	4	5	1
2	1	5	4	3
5	4	3	1	2

MEDIUM-320 (Solution)

3	5	2	4	1
5	2	3	1	4
4	1	5	2	3
1	3	4	5	2
2	4	1	3	5

MEDIUM-321 (Solution)
5	3	1	4	2
4	2	5	3	1
3	5	2	1	4
2	1	4	5	3
1	4	3	2	5

MEDIUM-322 (Solution)
3	5	4	1	2
4	2	5	3	1
1	4	2	5	3
5	1	3	2	4
2	3	1	4	5

MEDIUM-323 (Solution)
2	1	5	4	3
1	4	2	3	5
3	2	1	5	4
4	5	3	1	2
5	3	4	2	1

MEDIUM-324 (Solution)
5	3	1	4	2
3	1	2	5	4
2	5	4	3	1
1	4	5	2	3
4	2	3	1	5

MEDIUM-325 (Solution)
4	3	5	2	1
5	4	3	1	2
2	1	4	3	5
3	2	1	5	4
1	5	2	4	3

MEDIUM-326 (Solution)
5	2	4	1	3
4	1	5	3	2
2	3	1	4	5
1	5	3	2	4
3	4	2	5	1

MEDIUM-327 (Solution)
5	2	3	1	4
2	1	5	4	3
4	3	1	5	2
1	4	2	3	5
3	5	4	2	1

MEDIUM-328 (Solution)
2	4	5	1	3
5	2	1	3	4
1	3	2	4	5
4	5	3	2	1
3	1	4	5	2

MEDIUM-329 (Solution)
4	5	1	3	2
1	4	5	2	3
5	3	2	1	4
2	1	3	4	5
3	2	4	5	1

MEDIUM-330 (Solution)
1	4	3	2	5
4	5	1	3	2
2	3	5	1	4
3	2	4	5	1
5	1	2	4	3

MEDIUM-331 (Solution)
3	5	4	1	2
1	2	5	3	4
5	4	1	2	3
4	3	2	5	1
2	1	3	4	5

MEDIUM-332 (Solution)
2	5	1	4	3
4	2	3	5	1
1	4	2	3	5
3	1	5	2	4
5	3	4	1	2

MEDIUM-333 (Solution)
3	2	1	4	5
5	1	4	3	2
2	4	5	1	3
1	5	3	2	4
4	3	2	5	1

MEDIUM-334 (Solution)
5	4	1	3	2
1	3	2	5	4
3	2	5	4	1
4	1	3	2	5
2	5	4	1	3

MEDIUM-335 (Solution)
4	2	5	3	1
3	5	4	1	2
2	3	1	4	5
1	4	2	5	3
5	1	3	2	4

MEDIUM-336 (Solution)
4	1	5	2	3
5	3	2	4	1
3	2	1	5	4
2	4	3	1	5
1	5	4	3	2

HARD-337 (Solution)
5	3	1	4	6	2
4	1	3	2	5	6
3	6	5	1	2	4
6	5	2	3	4	1
1	2	4	6	3	5
2	4	6	5	1	3

HARD-338 (Solution)
5	3	6	2	1	4
2	1	5	4	6	3
1	4	3	6	2	5
3	2	1	5	4	6
4	6	2	3	5	1
6	5	4	1	3	2

HARD-339 (Solution)
4	5	3	2	6	1
3	1	4	6	2	5
2	3	5	4	1	6
1	6	2	5	4	3
6	4	1	3	5	2
5	2	6	1	3	4

HARD-340 (Solution)
4	1	6	5	3	2
3	4	5	1	2	6
5	2	1	6	4	3
2	5	4	3	6	1
1	6	3	2	5	4
6	3	2	4	1	5

HARD-341 (Solution)
5	1	3	2	6	4
3	4	2	6	1	5
4	6	5	3	2	1
6	5	1	4	3	2
2	3	4	1	5	6
1	2	6	5	4	3

HARD-342 (Solution)
1	2	6	5	4	3
3	4	1	6	2	5
2	6	5	1	3	4
5	3	2	4	1	6
6	1	4	3	5	2
4	5	3	2	6	1

HARD-343 (Solution)
5	2	3	4	1	6
3	4	1	6	2	5
6	3	4	2	5	1
4	1	5	3	6	2
1	6	2	5	3	4
2	5	6	1	4	3

HARD-344 (Solution)
1	5	2	3	6	4
6	3	5	1	4	2
2	4	1	6	3	5
5	2	6	4	1	3
3	1	4	5	2	6
4	6	3	2	5	1

HARD-345 (Solution)
1	2	5	6	4	3
3	5	1	2	6	4
4	6	3	5	2	1
5	4	6	3	1	2
6	1	2	4	3	5
2	3	4	1	5	6

HARD-346 (Solution)
5	6	1	4	3	2
1	5	2	6	4	3
2	4	3	1	6	5
6	3	4	2	5	1
3	1	6	5	2	4
4	2	5	3	1	6

HARD-347 (Solution)
4	5	3	1	2	6
6	2	5	4	1	3
1	3	2	6	4	5
2	6	1	3	5	4
5	4	6	2	3	1
3	1	4	5	6	2

HARD-348 (Solution)
2	4	5	3	1	6
6	3	4	1	2	5
1	5	3	6	4	2
5	1	6	2	3	4
3	6	2	4	5	1
4	2	1	5	6	3

HARD-349 (Solution)
5	1	4	2	3	6
3	4	1	5	6	2
6	5	2	3	4	1
1	6	3	4	2	5
2	3	5	6	1	4
4	2	6	1	5	3

HARD-350 (Solution)
2	1	5	6	3	4
6	4	1	5	2	3
4	6	3	2	5	1
1	5	4	3	6	2
5	3	2	1	4	6
3	2	6	4	1	5

HARD-351 (Solution)
4	2	5	1	6	3
6	1	2	5	3	4
2	3	4	6	1	5
5	4	6	3	2	1
1	6	3	4	5	2
3	5	1	2	4	6

HARD-352 (Solution)
4	5	6	1	3	2
2	3	1	5	4	6
3	1	4	6	2	5
5	4	3	2	6	1
6	2	5	4	1	3
1	6	2	3	5	4

HARD-353 (Solution)
6	3	2	5	1	4
3	5	1	4	2	6
5	4	6	2	3	1
2	6	5	1	4	3
1	2	4	3	6	5
4	1	3	6	5	2

HARD-354 (Solution)
2	1	4	6	5	3
1	3	6	5	4	2
6	4	5	2	3	1
5	2	3	1	6	4
3	6	2	4	1	5
4	5	1	3	2	6

HARD-355 (Solution)
4	3	1	6	5	2
3	4	6	5	2	1
5	1	2	4	6	3
6	2	4	1	3	5
2	6	5	3	1	4
1	5	3	2	4	6

HARD-356 (Solution)
6	1	2	5	4	3
2	5	4	1	3	6
3	4	5	2	6	1
1	2	6	3	5	4
5	6	3	4	1	2
4	3	1	6	2	5

HARD-357 (Solution)
3	2	5	6	1	4
1	5	4	2	3	6
4	3	2	1	6	5
6	4	3	5	2	1
2	6	1	4	5	3
5	1	6	3	4	2

HARD-358 (Solution)
3	6	1	5	2	4
4	2	6	1	3	5
1	4	5	3	6	2
2	5	3	4	1	6
5	1	2	6	4	3
6	3	4	2	5	1

HARD-359 (Solution)
5	6	4	2	1	3
3	1	6	4	5	2
4	2	1	6	3	5
6	4	5	3	2	1
2	5	3	1	4	6
1	3	2	5	6	4

HARD-360 (Solution)
3	6	1	5	2	4
1	5	3	4	6	2
6	1	2	3	4	5
5	3	4	2	1	6
4	2	5	6	3	1
2	4	6	1	5	3

HARD-361 (Solution)

4	1	3	2	6	5
6	5	2	1	4	3
3	2	1	6	5	4
5	4	6	3	1	2
1	3	5	4	2	6
2	6	4	5	3	1

HARD-362 (Solution)

2	1	6	5	3	4
1	4	5	6	2	3
3	6	2	4	5	1
6	5	1	3	4	2
5	3	4	2	1	6
4	2	3	1	6	5

HARD-363 (Solution)

1	6	5	4	2	3
2	4	3	5	1	6
4	5	6	2	3	1
6	2	1	3	5	4
5	3	4	1	6	2
3	1	2	6	4	5

HARD-364 (Solution)

4	5	2	6	3	1
1	4	6	3	2	5
3	1	5	4	6	2
5	3	4	2	1	6
6	2	3	1	5	4
2	6	1	5	4	3

HARD-365 (Solution)

4	3	1	6	5	2
3	5	6	2	1	4
6	4	3	1	2	5
5	1	2	4	6	3
2	6	4	5	3	1
1	2	5	3	4	6

HARD-366 (Solution)

1	2	5	3	6	4
3	5	2	4	1	6
4	6	1	5	3	2
5	3	4	6	2	1
6	1	3	2	4	5
2	4	6	1	5	3

HARD-367 (Solution)

5	2	1	4	6	3
4	6	3	5	2	1
3	4	5	2	1	6
6	1	2	3	4	5
1	3	4	6	5	2
2	5	6	1	3	4

HARD-368 (Solution)

3	6	1	5	4	2
2	4	5	3	6	1
6	5	3	1	2	4
5	3	2	4	1	6
4	1	6	2	3	5
1	2	4	6	5	3

HARD-369 (Solution)

2	5	1	4	3	6
1	2	3	6	5	4
6	3	2	5	4	1
4	1	5	3	6	2
5	4	6	2	1	3
3	6	4	1	2	5

HARD-370 (Solution)

4	6	2	5	3	1
5	1	3	4	6	2
1	4	5	6	2	3
3	2	4	1	5	6
2	5	6	3	1	4
6	3	1	2	4	5

HARD-371 (Solution)

3	2	1	6	5	4
2	4	5	3	1	6
5	6	4	1	3	2
4	3	2	5	6	1
1	5	6	2	4	3
6	1	3	4	2	5

HARD-372 (Solution)

1	3	4	2	5	6
3	4	2	5	6	1
2	6	3	1	4	5
4	1	5	6	2	3
5	2	6	3	1	4
6	5	1	4	3	2

HARD-373 (Solution)

1	6	4	2	5	3
4	5	1	3	2	6
6	2	3	4	1	5
3	1	2	5	6	4
2	4	5	6	3	1
5	3	6	1	4	2

HARD-374 (Solution)

5	6	4	3	2	1
6	1	2	4	3	5
3	4	1	5	6	2
1	2	3	6	5	4
2	3	5	1	4	6
4	5	6	2	1	3

HARD-375 (Solution)

6	5	4	2	3	1
1	4	6	5	2	3
5	3	1	6	4	2
4	2	3	1	5	6
3	1	2	4	6	5
2	6	5	3	1	4

HARD-376 (Solution)

5	1	4	6	2	3
2	5	1	4	3	6
3	2	6	5	1	4
6	3	5	1	4	2
1	4	3	2	6	5
4	6	2	3	5	1

HARD-377 (Solution)

6	2	5	1	4	3
5	1	6	2	3	4
2	5	4	3	6	1
1	4	3	6	5	2
3	6	1	4	2	5
4	3	2	5	1	6

HARD-378 (Solution)

1	6	2	5	3	4
2	3	1	4	6	5
6	1	5	3	4	2
4	5	6	2	1	3
3	2	4	1	5	6
5	4	3	6	2	1

HARD-379 (Solution)

3	4	2	6	5	1
1	5	3	2	4	6
5	1	4	3	6	2
2	6	1	5	3	4
4	3	6	1	2	5
6	2	5	4	1	3

HARD-380 (Solution)

3	2	4	5	6	1
1	4	6	3	2	5
5	6	2	1	4	3
2	5	1	4	3	6
6	3	5	2	1	4
4	1	3	6	5	2

HARD-381 (Solution)

6	2	3	5	1	4
3	4	1	6	2	5
1	3	5	4	6	2
5	6	2	3	4	1
2	5	4	1	3	6
4	1	6	2	5	3

HARD-382 (Solution)

1	6	4	5	2	3
3	2	5	6	4	1
2	5	3	1	6	4
4	1	6	2	3	5
6	3	1	4	5	2
5	4	2	3	1	6

HARD-383 (Solution)

4	5	1	3	6	2
5	6	4	2	1	3
3	1	2	6	4	5
2	4	3	1	5	6
1	3	6	5	2	4
6	2	5	4	3	1

HARD-384 (Solution)

4	2	6	5	1	3
6	4	5	1	3	2
2	5	1	3	4	6
5	3	2	4	6	1
1	6	3	2	5	4
3	1	4	6	2	5

HARD-385 (Solution)

2	1	3	5	6	4
3	4	5	6	1	2
5	2	6	3	4	1
6	3	1	4	2	5
1	6	4	2	5	3
4	5	2	1	3	6

HARD-386 (Solution)

3	4	6	5	2	1
1	6	2	4	3	5
2	1	5	3	6	4
5	3	1	6	4	2
6	5	4	2	1	3
4	2	3	1	5	6

HARD-387 (Solution)

6	4	1	3	2	5
4	5	3	6	1	2
1	2	5	4	3	6
3	6	4	2	5	1
2	1	6	5	4	3
5	3	2	1	6	4

HARD-388 (Solution)

2	5	1	4	3	6
5	6	3	1	2	4
6	3	2	5	4	1
1	4	5	2	6	3
3	1	4	6	5	2
4	2	6	3	1	5

HARD-389 (Solution)

2	1	6	5	4	3
4	2	1	3	5	6
1	6	5	2	3	4
6	3	4	1	2	5
3	5	2	4	6	1
5	4	3	6	1	2

HARD-390 (Solution)

5	4	3	1	6	2
3	6	5	2	4	1
2	3	6	4	1	5
4	5	1	6	2	3
6	1	2	3	5	4
1	2	4	5	3	6

HARD-391 (Solution)

3	5	2	1	6	4
4	2	1	5	3	6
2	6	3	4	5	1
5	1	4	6	2	3
6	4	5	3	1	2
1	3	6	2	4	5

HARD-392 (Solution)

1	2	3	4	5	6
6	1	4	3	2	5
3	4	6	5	1	2
2	6	5	1	3	4
4	5	1	2	6	3
5	3	2	6	4	1

HARD-393 (Solution)

3	2	1	6	5	4
1	4	6	3	2	5
2	5	3	4	1	6
4	3	5	2	6	1
6	1	4	5	3	2
5	6	2	1	4	3

HARD-394 (Solution)

4	5	3	1	2	6
1	4	5	2	6	3
5	6	2	3	1	4
6	3	1	4	5	2
2	1	4	6	3	5
3	2	6	5	4	1

HARD-395 (Solution)

6	1	5	2	4	3
5	4	2	3	1	6
2	6	4	5	3	1
1	2	3	4	6	5
3	5	6	1	2	4
4	3	1	6	5	2

HARD-396 (Solution)

1	5	6	4	3	2
2	4	5	3	6	1
4	1	3	5	2	6
3	6	1	2	4	5
6	3	2	1	5	4
5	2	4	6	1	3

HARD-397 (Solution)

4	5	3	2	1	6
1	2	4	6	5	3
6	3	2	1	4	5
3	1	5	4	6	2
2	6	1	5	3	4
5	4	6	3	2	1

HARD-398 (Solution)

2	4	3	6	5	1
5	2	4	3	1	6
4	3	6	1	2	5
3	5	1	2	6	4
1	6	2	5	4	3
6	1	5	4	3	2

HARD-399 (Solution)

1	5	3	6	2	4
3	6	2	4	5	1
4	2	5	3	1	6
6	1	4	5	3	2
2	3	6	1	4	5
5	4	1	2	6	3

HARD-400 (Solution)

3	1	5	2	4	6
1	3	4	6	2	5
6	4	2	3	5	1
5	2	3	1	6	4
4	6	1	5	3	2
2	5	6	4	1	3

HARD-401 (Solution)
4	3	1	2	6	5
1	6	3	4	5	2
6	1	2	5	4	3
3	4	5	6	2	1
5	2	6	3	1	4
2	5	4	1	3	6

HARD-402 (Solution)
4	5	6	1	3	2
3	6	1	2	4	5
6	4	5	3	2	1
5	2	4	6	1	3
2	1	3	5	6	4
1	3	2	4	5	6

HARD-403 (Solution)
2	6	5	3	4	1
5	2	6	4	1	3
4	1	3	5	2	6
1	3	4	6	5	2
6	4	1	2	3	5
3	5	2	1	6	4

HARD-404 (Solution)
5	4	1	2	3	6
6	2	3	4	5	1
1	3	6	5	2	4
4	6	5	3	1	2
2	5	4	1	6	3
3	1	2	6	4	5

HARD-405 (Solution)
2	3	5	6	1	4
3	5	1	2	4	6
6	4	2	1	3	5
1	6	4	5	2	3
5	1	3	4	6	2
4	2	6	3	5	1

HARD-406 (Solution)
1	5	3	6	2	4
3	6	4	2	5	1
6	3	1	5	4	2
5	1	2	4	3	6
2	4	6	3	1	5
4	2	5	1	6	3

HARD-407 (Solution)
5	1	3	6	4	2
2	4	1	5	6	3
3	6	2	1	5	4
4	3	6	2	1	5
6	2	5	4	3	1
1	5	4	3	2	6

HARD-408 (Solution)
6	1	2	5	4	3
3	5	4	6	2	1
2	6	5	3	1	4
1	4	3	2	6	5
4	3	6	1	5	2
5	2	1	4	3	6

HARD-409 (Solution)
3	5	4	2	6	1
6	4	2	1	5	3
4	2	1	6	3	5
5	3	6	4	1	2
1	6	3	5	2	4
2	1	5	3	4	6

HARD-410 (Solution)
3	1	4	2	5	6
1	2	5	6	3	4
4	5	6	1	2	3
5	4	1	3	6	2
2	6	3	5	4	1
6	3	2	4	1	5

HARD-411 (Solution)
3	4	6	5	1	2
1	2	3	6	4	5
6	3	4	2	5	1
2	1	5	4	6	3
4	5	1	3	2	6
5	6	2	1	3	4

HARD-412 (Solution)
4	6	2	1	5	3
1	2	5	3	4	6
5	4	3	6	1	2
6	5	1	2	3	4
2	3	4	5	6	1
3	1	6	4	2	5

HARD-413 (Solution)
2	3	4	6	1	5
3	6	1	4	5	2
6	1	2	5	4	3
4	2	5	3	6	1
1	5	6	2	3	4
5	4	3	1	2	6

HARD-414 (Solution)
4	2	1	5	6	3
1	5	4	3	2	6
2	1	3	6	4	5
6	4	5	1	3	2
3	6	2	4	5	1
5	3	6	2	1	4

HARD-415 (Solution)
1	2	6	4	3	5
3	6	5	1	2	4
2	4	3	6	5	1
5	3	4	2	1	6
6	1	2	5	4	3
4	5	1	3	6	2

HARD-416 (Solution)
5	2	1	6	4	3
3	1	2	5	6	4
2	4	5	3	1	6
6	5	3	4	2	1
4	3	6	1	5	2
1	6	4	2	3	5

HARD-417 (Solution)
3	2	1	6	4	5
2	6	5	3	1	4
4	1	3	5	6	2
1	5	4	2	3	6
6	4	2	1	5	3
5	3	6	4	2	1

HARD-418 (Solution)
4	6	5	1	3	2
2	1	4	3	5	6
3	5	2	4	6	1
5	2	3	6	1	4
6	3	1	2	4	5
1	4	6	5	2	3

HARD-419 (Solution)
1	2	5	6	4	3
4	1	3	5	2	6
5	6	4	1	3	2
3	4	6	2	5	1
2	3	1	4	6	5
6	5	2	3	1	4

HARD-420 (Solution)
1	3	4	5	2	6
3	6	5	1	4	2
6	4	1	2	3	5
5	2	6	4	1	3
2	1	3	6	5	4
4	5	2	3	6	1

HARD - 421 (Solution)

6	1	3	4	5	2
4	3	6	2	1	5
1	2	4	5	3	6
5	6	1	3	2	4
3	5	2	6	4	1
2	4	5	1	6	3

HARD - 422 (Solution)

1	3	5	6	2	4
2	6	3	4	5	1
4	2	1	5	6	3
6	1	4	2	3	5
5	4	6	3	1	2
3	5	2	1	4	6

HARD - 423 (Solution)

2	3	1	6	4	5
4	5	3	2	1	6
3	2	6	1	5	4
6	4	5	3	2	1
1	6	4	5	3	2
5	1	2	4	6	3

HARD - 424 (Solution)

6	3	1	5	2	4
2	1	6	4	5	3
5	6	3	1	4	2
1	2	4	6	3	5
3	4	5	2	1	6
4	5	2	3	6	1

HARD - 425 (Solution)

1	5	4	3	6	2
3	4	1	6	2	5
4	6	2	5	3	1
5	2	6	1	4	3
2	3	5	4	1	6
6	1	3	2	5	4

HARD - 426 (Solution)

6	3	2	1	4	5
5	2	3	6	1	4
4	1	6	5	2	3
2	5	4	3	6	1
1	6	5	4	3	2
3	4	1	2	5	6

HARD - 427 (Solution)

3	6	5	4	1	2
5	2	4	3	6	1
4	1	3	2	5	6
6	5	2	1	3	4
2	3	1	6	4	5
1	4	6	5	2	3

HARD - 428 (Solution)

4	3	1	6	2	5
3	1	5	2	6	4
1	2	3	4	5	6
5	4	6	1	3	2
6	5	2	3	4	1
2	6	4	5	1	3

HARD - 429 (Solution)

4	2	5	6	3	1
2	1	6	3	5	4
1	5	3	4	2	6
5	6	2	1	4	3
6	3	4	5	1	2
3	4	1	2	6	5

HARD - 430 (Solution)

1	2	5	4	3	6
3	6	1	5	4	2
5	1	3	6	2	4
6	4	2	3	5	1
4	5	6	2	1	3
2	3	4	1	6	5

HARD - 431 (Solution)

3	4	5	1	6	2
2	6	1	5	4	3
6	1	3	2	5	4
4	5	2	3	1	6
5	2	6	4	3	1
1	3	4	6	2	5

HARD - 432 (Solution)

6	2	4	5	3	1
3	4	5	2	1	6
1	5	6	4	2	3
4	6	3	1	5	2
2	3	1	6	4	5
5	1	2	3	6	4

HARD - 433 (Solution)

2	3	5	1	6	4
1	2	3	4	5	6
6	5	4	3	2	1
3	4	6	5	1	2
5	6	1	2	4	3
4	1	2	6	3	5

HARD - 434 (Solution)

5	3	4	1	2	6
6	5	3	2	1	4
4	1	2	5	6	3
2	6	5	3	4	1
1	2	6	4	3	5
3	4	1	6	5	2

HARD - 435 (Solution)

3	5	1	6	4	2
5	4	2	3	1	6
1	2	3	5	6	4
4	1	6	2	5	3
6	3	5	4	2	1
2	6	4	1	3	5

HARD - 436 (Solution)

6	2	1	5	4	3
2	1	4	6	3	5
4	5	3	2	1	6
1	4	5	3	6	2
5	3	6	1	2	4
3	6	2	4	5	1

HARD - 437 (Solution)

3	2	4	5	1	6
5	6	1	3	4	2
6	3	5	4	2	1
4	1	2	6	5	3
1	5	3	2	6	4
2	4	6	1	3	5

HARD - 438 (Solution)

4	3	6	5	1	2
3	6	2	1	4	5
6	5	3	4	2	1
2	1	5	6	3	4
1	2	4	3	5	6
5	4	1	2	6	3

HARD - 439 (Solution)

6	3	4	2	5	1
3	5	2	4	1	6
2	6	5	1	3	4
1	2	6	3	4	5
5	4	1	6	2	3
4	1	3	5	6	2

HARD - 440 (Solution)

1	3	6	5	2	4
2	4	5	6	1	3
6	5	2	3	4	1
5	6	1	4	3	2
3	2	4	1	6	5
4	1	3	2	5	6

HARD - 441 (Solution)

6	1	5	3	4	2
1	4	6	2	5	3
2	3	4	1	6	5
5	6	3	4	2	1
4	2	1	5	3	6
3	5	2	6	1	4

HARD - 442 (Solution)

2	6	3	1	5	4
1	3	4	2	6	5
5	2	6	4	1	3
4	1	2	5	3	6
3	5	1	6	4	2
6	4	5	3	2	1

HARD - 443 (Solution)

1	3	5	6	4	2
4	6	3	5	2	1
5	1	2	3	6	4
2	5	4	1	3	6
6	2	1	4	5	3
3	4	6	2	1	5

HARD - 444 (Solution)

5	4	1	2	3	6
4	5	6	3	1	2
3	6	2	1	4	5
6	3	5	4	2	1
2	1	3	6	5	4
1	2	4	5	6	3

HARD - 445 (Solution)

4	3	1	5	6	2
1	5	4	3	2	6
5	2	6	4	1	3
6	4	2	1	3	5
3	6	5	2	4	1
2	1	3	6	5	4

HARD - 446 (Solution)

5	6	1	4	2	3
2	4	6	5	3	1
1	2	5	3	6	4
4	5	3	2	1	6
6	3	4	1	5	2
3	1	2	6	4	5

HARD - 447 (Solution)

2	1	5	6	4	3
1	4	6	2	3	5
4	6	3	5	2	1
5	3	2	4	1	6
6	2	1	3	5	4
3	5	4	1	6	2

HARD - 448 (Solution)

1	3	4	6	5	2
4	5	3	1	2	6
2	4	6	3	1	5
3	2	1	5	6	4
6	1	5	2	4	3
5	6	2	4	3	1

HARD - 449 (Solution)

2	6	3	4	1	5
4	1	6	2	5	3
3	5	2	1	6	4
5	2	4	6	3	1
6	3	1	5	4	2
1	4	5	3	2	6

HARD - 450 (Solution)

5	2	6	4	1	3
1	4	2	6	3	5
3	1	4	2	5	6
4	6	5	3	2	1
6	5	3	1	4	2
2	3	1	5	6	4

HARD - 451 (Solution)

5	1	2	3	4	6
1	2	6	5	3	4
2	5	4	6	1	3
4	6	3	2	5	1
6	3	1	4	2	5
3	4	5	1	6	2

HARD - 452 (Solution)

4	2	1	5	3	6
2	3	6	1	4	5
6	5	3	4	1	2
5	4	2	3	6	1
1	6	4	2	5	3
3	1	5	6	2	4

HARD - 453 (Solution)

1	3	6	5	2	4
4	1	2	6	3	5
5	4	3	2	1	6
3	5	1	4	6	2
2	6	4	1	5	3
6	2	5	3	4	1

HARD - 454 (Solution)

1	2	3	5	4	6
2	1	5	6	3	4
3	5	4	2	6	1
6	4	1	3	5	2
5	6	2	4	1	3
4	3	6	1	2	5

HARD - 455 (Solution)

6	1	2	3	5	4
4	2	6	5	1	3
2	6	4	1	3	5
3	4	5	6	2	1
5	3	1	2	4	6
1	5	3	4	6	2

HARD - 456 (Solution)

2	3	4	5	1	6
1	6	3	2	4	5
5	1	2	3	6	4
4	5	6	1	3	2
6	2	1	4	5	3
3	4	5	6	2	1

HARD - 457 (Solution)

1	3	5	6	2	4
5	6	3	4	1	2
4	2	1	3	5	6
2	1	4	5	6	3
6	4	2	1	3	5
3	5	6	2	4	1

HARD - 458 (Solution)

6	3	1	5	2	4
3	5	4	2	1	6
1	6	3	4	5	2
2	1	6	3	4	5
4	2	5	6	3	1
5	4	2	1	6	3

HARD - 459 (Solution)

6	5	2	4	3	1
3	1	4	6	5	2
2	4	3	5	1	6
5	2	6	1	4	3
4	3	1	2	6	5
1	6	5	3	2	4

HARD - 460 (Solution)

6	5	4	3	1	2
3	4	1	2	6	5
4	1	3	5	2	6
2	3	5	6	4	1
5	6	2	1	3	4
1	2	6	4	5	3

HARD-461 (Solution)

2	4	5	3	1	6
3	1	4	5	6	2
4	6	1	2	3	5
5	2	3	6	4	1
1	5	6	4	2	3
6	3	2	1	5	4

HARD-462 (Solution)

1	4	6	5	3	2
6	5	1	3	2	4
3	1	2	6	4	5
2	3	4	1	5	6
5	2	3	4	6	1
4	6	5	2	1	3

HARD-463 (Solution)

4	1	3	6	5	2
5	6	1	4	2	3
2	3	4	5	1	6
3	5	6	2	4	1
6	4	2	1	3	5
1	2	5	3	6	4

HARD-464 (Solution)

5	1	6	3	4	2
6	4	1	2	3	5
2	3	4	5	1	6
1	2	5	4	6	3
3	6	2	1	5	4
4	5	3	6	2	1

HARD-465 (Solution)

5	4	1	2	6	3
6	2	4	5	3	1
2	1	6	3	5	4
1	5	3	6	4	2
3	6	2	4	1	5
4	3	5	1	2	6

HARD-466 (Solution)

5	6	2	3	4	1
1	3	6	4	5	2
3	2	4	1	6	5
6	5	1	2	3	4
2	4	3	5	1	6
4	1	5	6	2	3

HARD-467 (Solution)

5	4	6	3	2	1
4	6	5	1	3	2
6	2	3	4	1	5
3	5	1	2	6	4
2	1	4	6	5	3
1	3	2	5	4	6

HARD-468 (Solution)

5	3	2	4	1	6
3	4	5	1	6	2
2	1	6	3	4	5
1	6	3	2	5	4
6	2	4	5	3	1
4	5	1	6	2	3

HARD-469 (Solution)

2	6	4	5	3	1
5	2	6	1	4	3
4	3	5	2	1	6
3	4	1	6	2	5
6	1	2	3	5	4
1	5	3	4	6	2

HARD-470 (Solution)

6	2	5	3	1	4
2	5	4	1	3	6
3	6	2	5	4	1
5	3	1	4	6	2
1	4	3	6	2	5
4	1	6	2	5	3

HARD-471 (Solution)

3	4	2	1	6	5
4	1	6	3	5	2
2	3	1	5	4	6
1	2	5	6	3	4
5	6	3	4	2	1
6	5	4	2	1	3

HARD-472 (Solution)

4	1	3	6	2	5
3	4	5	1	6	2
5	3	2	4	1	6
2	6	4	3	5	1
6	2	1	5	4	3
1	5	6	2	3	4

HARD-473 (Solution)

1	4	3	2	5	6
6	3	5	4	2	1
5	2	4	6	1	3
3	6	1	5	4	2
4	1	2	3	6	5
2	5	6	1	3	4

HARD-474 (Solution)

5	3	2	6	4	1
6	5	3	1	2	4
2	1	4	5	3	6
1	4	5	2	6	3
4	2	6	3	1	5
3	6	1	4	5	2

HARD-475 (Solution)

4	2	1	3	5	6
1	5	2	6	3	4
5	4	3	2	6	1
3	6	4	1	2	5
6	3	5	4	1	2
2	1	6	5	4	3

HARD-476 (Solution)

4	3	6	5	1	2
5	1	2	4	3	6
1	6	4	3	2	5
2	5	3	1	6	4
3	2	5	6	4	1
6	4	1	2	5	3

HARD-477 (Solution)

2	1	5	3	4	6
4	5	3	6	2	1
1	4	6	5	3	2
3	2	4	1	6	5
5	6	2	4	1	3
6	3	1	2	5	4

HARD-478 (Solution)

3	6	2	1	5	4
4	5	3	6	1	2
5	1	6	4	2	3
2	4	5	3	6	1
6	3	1	2	4	5
1	2	4	5	3	6

HARD-479 (Solution)

5	3	6	4	1	2
2	6	1	5	4	3
3	1	5	2	6	4
4	2	3	1	5	6
6	5	4	3	2	1
1	4	2	6	3	5

HARD-480 (Solution)

5	4	6	1	3	2
2	5	3	6	1	4
4	2	1	3	6	5
3	1	4	5	2	6
6	3	5	2	4	1
1	6	2	4	5	3

HARD-481 (Solution)

1	3	6	2	4	5
4	1	2	5	3	6
5	6	3	4	2	1
3	2	1	6	5	4
6	4	5	3	1	2
2	5	4	1	6	3

HARD-482 (Solution)

3	5	6	1	4	2
2	6	4	3	5	1
5	4	1	2	3	6
1	2	3	5	6	4
6	3	2	4	1	5
4	1	5	6	2	3

HARD-483 (Solution)

3	4	2	5	6	1
4	1	5	3	2	6
5	3	6	2	1	4
1	2	4	6	3	5
2	6	1	4	5	3
6	5	3	1	4	2

HARD-484 (Solution)

1	6	3	2	5	4
4	3	1	5	6	2
2	4	5	6	1	3
5	1	2	3	4	6
3	5	6	4	2	1
6	2	4	1	3	5

HARD-485 (Solution)

2	1	4	5	3	6
6	3	2	1	4	5
3	4	1	6	5	2
4	5	6	3	2	1
5	6	3	2	1	4
1	2	5	4	6	3

HARD-486 (Solution)

3	1	6	2	5	4
4	3	2	5	1	6
5	4	1	6	2	3
1	2	4	3	6	5
2	6	5	4	3	1
6	5	3	1	4	2

HARD-487 (Solution)

4	2	1	5	6	3
6	1	5	3	4	2
3	4	6	2	1	5
1	3	2	6	5	4
5	6	3	4	2	1
2	5	4	1	3	6

HARD-488 (Solution)

6	5	1	4	2	3
4	3	5	2	1	6
2	1	4	6	3	5
5	6	2	3	4	1
3	2	6	1	5	4
1	4	3	5	6	2

HARD-489 (Solution)

5	3	4	1	2	6
3	1	5	4	6	2
4	6	1	2	3	5
1	2	3	6	5	4
6	4	2	5	1	3
2	5	6	3	4	1

HARD-490 (Solution)

6	2	1	5	4	3
4	1	5	3	2	6
2	5	6	4	3	1
3	6	2	1	5	4
1	3	4	2	6	5
5	4	3	6	1	2

HARD-491 (Solution)

4	2	5	1	6	3
5	3	1	4	2	6
3	6	4	2	1	5
2	4	3	6	5	1
6	1	2	5	3	4
1	5	6	3	4	2

HARD-492 (Solution)

4	5	2	6	1	3
5	2	4	3	6	1
2	4	3	1	5	6
1	6	5	4	3	2
6	3	1	5	2	4
3	1	6	2	4	5

HARD-493 (Solution)

6	4	1	3	2	5
4	3	5	6	1	2
1	6	2	5	4	3
3	2	4	1	5	6
5	1	3	2	6	4
2	5	6	4	3	1

HARD-494 (Solution)

2	3	1	5	6	4
3	2	4	1	5	6
4	1	6	3	2	5
6	4	5	2	1	3
5	6	2	4	3	1
1	5	3	6	4	2

HARD-495 (Solution)

5	1	6	2	4	3
2	6	5	3	1	4
4	2	1	6	3	5
1	5	3	4	2	6
3	4	2	5	6	1
6	3	4	1	5	2

HARD-496 (Solution)

2	3	1	6	5	4
1	4	3	5	6	2
6	5	2	1	4	3
5	2	6	4	3	1
3	6	4	2	1	5
4	1	5	3	2	6

HARD-497 (Solution)

6	2	1	4	5	3
1	5	6	2	3	4
4	1	2	3	6	5
2	3	4	5	1	6
3	6	5	1	4	2
5	4	3	6	2	1

HARD-498 (Solution)

5	2	6	4	1	3
6	4	3	1	2	5
1	3	5	2	6	4
2	1	4	3	5	6
3	5	2	6	4	1
4	6	1	5	3	2

HARD-499 (Solution)

2	6	4	1	5	3
5	1	6	3	2	4
6	5	1	4	3	2
3	4	2	5	6	1
4	3	5	2	1	6
1	2	3	6	4	5

HARD-500 (Solution)

1	6	5	4	2	3
4	1	2	5	3	6
6	5	1	3	4	2
2	3	4	1	6	5
3	4	6	2	5	1
5	2	3	6	1	4

HARD-501 (Solution)

6	2	4	1	5	3
4	1	3	2	6	5
1	5	6	3	2	4
3	6	5	4	1	2
2	3	1	5	4	6
5	4	2	6	3	1

HARD-502 (Solution)

2	6	4	5	3	1
3	4	5	6	1	2
6	2	1	4	5	3
1	5	6	3	2	4
4	1	3	2	6	5
5	3	2	1	4	6

HARD-503 (Solution)

5	6	1	3	2	4
2	3	4	1	6	5
6	2	3	4	5	1
3	1	5	6	4	2
1	4	2	5	3	6
4	5	6	2	1	3

HARD-504 (Solution)

2	1	6	5	3	4
4	3	5	1	2	6
3	4	1	6	5	2
5	6	3	2	4	1
6	5	2	4	1	3
1	2	4	3	6	5

A SPECIAL REQUEST:

Our sole purpose is to exceed your expectations. If you don't mind taking two minutes to share your experience with other shoppers, it'll be a great help.

Thank you!

SCAN ME

www.ingramcontent.com/pod-product-compliance
Lightning Source LLC
Chambersburg PA
CBHW062109220526
45471CB00010B/3671